Andreas Hain

Bescheidwisser

DAS BUCH

Können wir Blicke im Rücken spüren? Woher stammt das Spaghetti-Eis? Und warum sind wir süchtig nach frischem Brot? Warum leben Menschen mit Haustieren stressfreier? Was ist teurer, von Hand spülen oder mit der Maschine? Und was haben Aspirin und Heroin gemeinsam? Haben Ziegen eigentlich Bock? Ist Gähnen wirklich ansteckend? Und was ist eigentlich Geld? Der Bescheidwisser klärt auf! Ein großes Lesevergnügen.

DER AUTOR

Andreas Hain wurde 1978 in Dresden geboren. Er studierte Soziologie und Wirtschaft. Während Studium und Volontariat arbeitete er in Hörfunk- und Fernsehstudios u.a. in Köln, Mainz, Los Angeles und New York. Seit 2005 ist er für den Südwestrundfunk, überwiegend für die Popwelle SWR3, tätig und als Nachrichtenredakteur, Autor für Unterhaltungssendungen und auch weltweit als Reporter im Einsatz.

Andreas Hain

BESCHEIDWISSER

Warum Schuhe quietschen –
und andere ganz alltägliche Weltwunder

HERDER

FREIBURG · BASEL · WIEN

HERDER spektrum Band 6307

Originalausgabe

© Verlag Herder GmbH, Freiburg im Breisgau 2014
Alle Rechte vorbehalten
www.herder.de

Lizenziert durch SWR Media Services GmbH

Umschlaggestaltung: Designbüro Gestaltungssaal
Umschlagmotive: © shutterstock © Foodlovers - Fotolia.com

Satz: Arnold & Domnick, Leipzig
Herstellung: CPI books GmbH, Leck

Printed in Germany

ISBN 978-3-451-06307-7

Inhalt

Einleitung

Welche ist wohl die dümmste Frage, die Sie sich jemals gestellt haben? Was mich selbst angeht: Da fallen mir Hunderte ein. Allerdings schätze ich mich glücklich, in einem Umfeld zu arbeiten, in dem selbst die allerdämlichste Frage nicht als selbige gewertet wird. Vielmehr ist sie oft Anlass für eine herrliche Radiogeschichte. Wer gibt schon gern zu, sich ernsthaft damit zu beschäftigen, wie spitz Nachbars Lumpi wirklich ist? Oder ob der große Ludwig van Beethoven womöglich viel zu klein war, um mit den Füßen an die Orgelpedale zu kommen?

Das eine Mal sind die Antworten schwer zu finden, ein anderes Mal liegen sie auf der Hand. Eines allerdings passiert oft: Es kommen abenteuerliche Geschichten zutage. Zum Beispiel, dass ein Ziegenhirte wohl so etwas wie der Entdecker von Kaffee war, weil seine Tiere plötzlich aufgeputscht im Dreieck sprangen, nachdem sie an der Pflanze genagt hatten. Genau solche Geschichten erzählt der SWR3-Bescheidwisser.

Das wissenschaftliche Drumherum ist bei wichtigen Erfindungen und Entdeckungen meistens sauber dokumentiert. Oft ist aber nicht überliefert, wie die Situation wirklich war – also ob jemand gestaunt, geschwitzt, gelacht oder etwas Überraschendes gesagt hat. Die meisten Bescheidwisser-Folgen sind deshalb garniert mit dem, was Radio – und jetzt auch dieses Buch – so besonders macht: Kleine Spielszenen und Sprüche. Wie ein Hörspiel oder Mini-Roman – frei nach wahren Begebenheiten. Ob es in der jeweiligen Situation wirklich so war? Zumindest haben wir mit allem, was wir herausfinden konnten und viel Phantasie die Geschichten so erzählt, dass Sie das Gefühl haben, dabei gewesen zu sein. Entsprechende Ausrufe des Erstaunens, der Freude oder der Überraschung

– wir im Radio nennen das Sozialgeräusche – werden Ihnen in diesem Buch sofort ins Auge fallen.

Vielen Dank an alle, die uns sagen, dass sie von Bescheidwisser-Geschichten nicht genug bekommen. Entweder, weil sie Spaß an amüsanten Wissensgeschichten haben oder als Lehrer damit ihren Unterricht auflockern. Und für alle, die noch nie von Bescheidwisser-Geschichten gehört haben: Sie werden Dinge erfahren, die Sie so schnell nicht vergessen werden und am liebsten weitererzählen wollen. Viel Freude beim Bescheidwissen und viele Aha-Effekte – dafür stehe ich mit meinem Namen: AH.

Baden-Baden im November 2014

Gefühlte Blicke,
gerollte Zungen und
das große Vergessen

MENSCH & KÖRPER

Blicke spüren

Manchmal merken wir ganz genau, wenn uns jemand von hinten anstarrt. Aber ist es tatsächlich möglich, dass wir Blicke spüren können?

Max-Planck-Institut. Garching. 2003
Die junge, italienische Astrophysikerin Lidia Tasca stellt eine ungeheure Behauptung auf.

„Ich spüre Blicke – und ich kann Menschen so lange von hinten ansehen, bis sie sich umdrehen …"

Merkwürdigerweise klappt das bei ihr meistens.

15 Jahre davor. 1988 in London
Dr. Rupert Sheldrake fängt gerade an, sich wissenschaftlich mit der Frage zu beschäftigen, ob man Blicke im Rücken spüren kann. Er ist Biologe und macht ein paar Tests. Erst mit seiner Familie.

Sheldrake: „Pass auf, ich werde dich jetzt öfters von hinten anstarren – oder weggucken. Jedes Mal, wenn du meinst, ich würde dich anstarren, sag: Ich kann deinen Blick spüren."

Frau: „Ich kann deinen Blick spüren …"

Er wiederholt diese Versuche – mit allen möglichen Menschen. Egal, wo Dr. Sheldrake ist. Und weil er sowieso für Seminare und Vorträge auf der ganzen Welt unterwegs ist, probiert er es überall aus. In Florida.

„You stare at me! I can feel it."

In Assisi in Italien.

„Lo posso sentire. Che mi stai guardando."

Sogar in Deutschland, in Stuttgart und Todtmoos.

„Du starrst mich an, das kann ich spüren ..."

1998

Nach einigen Jahren und zig Versuchen mit Schülern und Studenten auf der ganzen Welt, scheint sich Dr. Sheldrakes Vermutung zu bestätigen. Die Chance der angestarrten Testpersonen das richtige Ergebnis einfach zu raten, ist 50:50. Aber genau sechzig Prozent der Angestarrten tippen genau richtig – als könnten sie den Blick spüren.

Heute

Jedes Mal, wenn wissenschaftlich überprüft wird, ob „Angestarrte" merken, dass sie beobachtet werden, gehen die Ergebnisse tendenziell in Richtung: Ja, Blicke kann man spüren. Warum das so ist? Erklären kann das bis jetzt niemand.

Genauso wenig wie das Phänomen, dass man manchmal, schon kurz bevor eine SMS kommt, weiß, dass sie kommt und von wem sie sein wird.

Orientieren sich Frauen anders als Männer?

Links, äh, rechts. Stimmt es, dass Frauen sich anders orientieren als Männer? Und wer von beiden macht es besser?

2001 an der Universität Ulm

Frauen orientieren sich mehr an Gebäuden und markanten Punkten, Männer mehr am Straßenverlauf und an Kreuzungen. Warum das so ist, will Dr. Reinhard Tomczak und sein Forscherteam herausbekommen. Er führt Frauen und Männer durch ein virtuelles Labyrinth – per Joystick sollen sie den Weg herausfinden. Dabei wird gemessen, wie aktiv bestimmte Regionen des Gehirns sind.

Frau: „Hier geht's lang, ganz klar. Oh!"

Mann: „Ha! Hier lang, logisch. Keine Frage."

Danach steht fest: Männer finden viel schneller aus einem Labyrinth als Frauen. Und um sich zu orientieren, aktivieren Frauen andere Gehirnbereiche als Männer.

2006 in Großbritannien

Erst hier wird in einer großangelegten Studie klar: Frauen haben bei der Orientierung noch einen Joker in der Hand, den sie in keinem Labyrinth, sondern nur im echten Leben ausspielen können.

Frau: „Hallo, Sie da hinten, auf dem Bürgersteig! Entschuldigung, halloo? Kurze Frage ..."

Sie fragen viel früher nach dem Weg – spätestens nach zehn Minuten nämlich – und kommen so oft schneller ans Ziel. Männer hingegen …

Mann: „Tss, jemanden fragen? Ich werd' doch wohl selbst herausfinden, wo es langgeht."

Ein Mann fragt im Schnitt frühestens nach zwanzig Minuten jemanden. Viel lieber aber überhaupt nicht.

2007 im Forschungszentrum Jülich im Rheinland

Hier untersuchen Wissenschaftler Gehirne von Verstorbenen. Und zwar die Hirnregionen, die für die Wahrnehmung von Bewegungen zuständig sind. Die Bereiche, in denen die Verschaltungen zwischen den Nervenzellen stattfinden, sind bei Männern größer als bei Frauen. Männer können, was Bewegungen angeht, mehr Informationen aufnehmen und sich besser orientieren.

Das heißt allerdings nicht, dass sie schneller ans Ziel kommen – denn fürs „Leute ansprechen und einfach nach dem Weg fragen" sind ganz andere Hirnregionen zuständig.

Aus der Tür, aus dem Sinn

Jeder kennt das: Man geht durch die Wohnung und weiß plötzlich nicht mehr, was man Sekunden vorher beabsichtigt hat zu tun. Warum nur?

2011 an der Universität Notre Dame im US-Staat Indiana
Hier ärgert sich der Psychologieprofessor Gabriel Radvansky über den Frust der Vergesslichkeit.

„Warum stehe ich hier im Flur ... ich wollte doch ... hm, was wollte ich bloß?"

Dabei findet er heraus, dass diese Erinnerungslücken immer dann besonders oft kommen, wenn er durch eine Tür geht. Jedes Zimmer, durch das wir gehen, speichert das Gehirn als neues Ereignis ab. Neuer Raum gleich neuer Speicher-Ordner. Kein Wunder, dass wir uns nicht mehr an den abgelegten Schlüssel im Flur erinnern können, wenn wir erstmal in einem anderen Zimmer sind.

Der Beweis der Vergesslichkeit
Professor Radvansky will seine Idee mit einigen Tests nachweisen. Dazu lässt er Probanden farbige Holzklötzchen in Kisten packen. Danach gehen sie in ein anderes Zimmer. Der Test zeigt: Kaum jemand kann sich daran erinnern, welche Farbe ein Holzklötzchen hat, das er eben noch in einem anderen Raum in eine Kiste gepackt hatte. Unser Gedächtnis wird also schlechter, sobald wir den Aufenthaltsort ändern.

Die Rettung gegen Erinnerungslücken

Ein Trick kann uns helfen, damit wir nicht jedes Mal wahnsinnig werden, wenn wir wieder ratlos in der Wohnung stehen. Professor Radvansky empfiehlt Hilfsgesten: Wem im Wohnzimmer einfällt, dass er eine Schere aus der Küche holen will, soll einfach mit den Fingern eine Schere formen und dann loslaufen. So steht man garantiert nicht mehr ratlos und vergesslich in der Küche.

Wovon unsere Lebenserwartung abhängt

Vor dem Schlafengehen ein Glas Rotwein. Immer genügend Vitamine. Rezepte für ein langes Leben gibt es viele. Aber wie alt kann der Mensch überhaupt werden?

Rund 50 vor Christus – im alten Rom

Eine blühende Stadt. Caesar hat alles im Griff. Es gibt riesige Paläste und Wohnhäuser, und wer reich ist, hält sich Sklaven, die bei der Arbeit oder der Körperpflege helfen. In der Stadt wohnen dicht gedrängt die ärmeren Römer in mehrstöckigen Mietshäusern. Dazwischen gibt es aber immerhin befestigte Straßen und Kanalisation. Auch wenn hier und da ein paar sehr alte Menschen leben – zu dieser Zeit haben hier die Menschen eine durchschnittliche Lebenserwartung von nur 22 Jahren. Dass Kinder ihre Großeltern kennen, kommt fast nicht vor.

„Mama, was ist eine Oma?"

Im 19. Jahrhundert in Mitteleuropa

Jahrhundertelang haben Kriege und Krankheiten dafür gesorgt, dass die Menschen selten älter als fünfzig Jahre geworden sind, viele starben früher. Erst im 19. Jahrhundert beginnen in vielen Ländern Europas ganz neue Verhaltensweisen. In der Schweiz beispielsweise spielen plötzlich Hygiene und medizinische Versorgung eine Rolle. Gegen Pocken gibt es großangelegte Impfkampagnen.

Heute

Forscher und Statistiker wissen, dass Menschen locker achtzig Jahre und älter werden können, obwohl kaum etwas an ihnen tatsächlich achtzig Jahre alt ist: Hautzellen sterben ständig und haben sich nach vier Wochen einmal komplett erneuert. Eine Magenzelle überlebt nur gut zwei Tage.

Fakt ist: Altern bedeutet immer eine Anhäufung von Fehlern im Körper. Je mehr Fehler, desto früher stirbt jemand. Aber wie alt können Menschen werden, wenn der Körper eben nicht durch Krankheit, Krieg oder Ungesundes kaputt gemacht wird? Manche Wissenschaftler sagen, dass eine absolute Lebensspanne von 125 Jahren möglich ist. Bei Mäusen kann durch Genveränderung erreicht werden, dass sie um fünfzig Prozent älter werden.

Schon jetzt gehen Statistiker davon aus, dass Männer, die im Jahr 2050 sechzig Jahre alt sind, im Schnitt noch weitere 23 Jahre leben – Frauen sogar 28, bis sie also 88 sind.

Werden wir immer größer?

Viele Kinder wachsen über ihre Eltern hinaus. Die Menschen werden nach und nach immer größer. Aber wenn das schon immer so war: Bei welcher winzigen Größe hat es angefangen, und wie lange geht das noch so weiter?

18. Jahrhundert

Es ist die Zeit der Klassik. Die Menschen, die es sich leisten können, tragen üppige, weiß gepuderte Perücken. Aber über die Körpergröße kann das nicht hinwegtäuschen.

„He, kleiner Mann, gehen Sie weg da von der Orgel …
Sie kommen ja kaum mit den Füßen auf die Pedale …"
„Bitte?"
„Oh pardon, Sie sind's. Ludwig – Herr van Beethoven,
spielen Sie doch bitte weiter …"

In dieser Zeit hat Europa die kleinsten Menschen. Männer sind, so wie Ludwig van Beethoven, nur rund 1,65 Meter groß. Vorher waren sie größer.

9. Jahrhundert, Frühmittelalter in Europa

Die Temperaturen sind recht mild, die Ernten üppig. Die meisten Menschen leben auf dem Land und sind von der Körpergröße so groß wie wir heute. Also 1,73 Meter im Durchschnitt.

Weil in den Jahrhunderten danach die Temperaturen in Europa abfallen und immer mehr Menschen immer weniger Nahrung haben, wirkt sich das auch auf die Gesundheit und die Körpergröße aus.

1884

Kein besonderes Jahr – nur für die Statistik der Körpergrö-
ßen recht interessant. Bei den ärztlichen Untersuchungen der
Schweizer Rekruten wurde jeweils auch die Körpergröße
gemessen.

*Arzt: „So, der Herr dann mal an die Messlatte bitte ...
danke ... ha, Genau 1,63 Meter.“*

1,63 Meter – das war die Durchschnittsgröße der Männer im
Jahre 1884 in der Schweiz. Nur hundert Jahre später, also um
1990, sind Schweizer Männer im Schnitt 1,76 Meter groß.

Heute

Die Frage der Größe hat vor allem mit der Ernährung und der
medizinischen Versorgung zu tun. So werden japanische Kinder inzwischen im Schnitt genauso groß wie amerikanische.
Wie groß jemand tatsächlich wird, hängt im Wesentlichen
davon ab, wie die Zeit als Kleinkind, die Phase im Einschu-
lungsalter und die Pubertät verlaufen ist.

*Mutter: „Trink deine Milch aus, bevor du in die Schule
gehst!“*

Wenn genügend Spurenelemente in der Nahrung sind und
das Kind selten krank ist, dann ist die Chance sehr hoch, dass
das Kind sein genetisches Maximum der Größe erreicht. In
Europa deutet sich an, dass die Größenzunahme etwas nachlässt und sich bei Durchschnittsgrößen von 185 cm für Männer und 172 cm für Frauen einpendeln wird.

Der Heimlich-Griff

Wenn irgendwo irgendwem etwas im Halse stecken bleibt, hilft oft nur noch ein beherzter Handgriff – das Heimlich-Manöver. Seitdem rettet dieser feste Bauchwürgegriff viele Menschen vor dem Ersticken. Aber warum?

1969. Cincinnati in den USA
Ein renommierter Lungen-Arzt namens Henry Jay Heimlich ist gerade Direktor des jüdischen Krankenhauses in Cincinnati geworden.

„Dr. Heimlich, bitte in die Thoraxchirurgie. Dr. Heimlich bitte …"

Wenn sich jemand ernsthaft verschluckt, gibt es meistens einen kräftigen Schlag auf den Rücken. Aber das genau kann auch dazu führen, dass ein Essensrest nur noch fester in der Luftröhre hängt.

Verschlucken zählt zu dieser Zeit mit zu den häufigsten Unfalltodesursachen. Das lässt Dr. Heimlich keine Ruhe.

„Da ist doch noch genug Luft in der Lunge – selbst wenn jemand ausgeatmet hat. Hm. Das müsste doch reichen, um von innen genügend Druck aufzubauen, dass so ein blödes Apfelstück wieder rausgeschleudert wird."

Er betäubt einen Hund. Nur für einen kurzen harmlosen Moment. Er schiebt ihm ein Plastikteilchen in die Luftröhre. Und sofort danach, drückt er mit einem sanften Ruck den Bauch des Hundes zusammen. Das Plastikteilchen schleudert im hohen Bogen aus dem Hals. Eine kleine Sensation.

1975

Inzwischen hat Dr. Heimlich die Technik verfeinert. Um einem Menschen zu helfen, stellt sich der Retter hinter den Erstickenden. Er wickelt seine Arme fest um den Bauch unter dem Brustkorb und stößt mit der Faust kurz und ruckartig nach oben. Der Heimlich-Handgriff.

Heute

Bis jetzt wurden rund 50 000 Menschen durch diesen Handgriff vor dem Ersticken gerettet. Der Sängerin Cher blieb eine Vitaminpille im Hals stecken.

„If you belie... röchel, hust."

Pierce Brosnan verschluckte bei Dreharbeiten Obst.

„Mein Name ist Bond, James B..."

Halle Berry rettete ihn mit dem Heimlich-Handgriff.

Sogar ein Hund soll das Heimlich-Manöver schon erfolgreich angewendet haben. Er sprang auf sein Frauchen, das auf dem Boden lang und an einem Apfelstück zu ersticken drohte. Dieser Impuls reichte, um das Apfelstück aus der Lunge zu schleudern.

Wie Musik auf unseren Körper wirkt

Musik macht glücklich. Oder nachdenklich. Wir können uns gar nicht dagegen wehren, dass Musik uns mitreißt. Warum reagiert unser Körper auf Musik?

1937 in Minnesota, USA

Die Musikforscherin Kate Hevner ist eine der Ersten, die herausfindet, welche Musik wie auf uns wirkt.

Dur kommt anders an als Moll. Schnelles löst andere Gefühle aus als Langsames. Schnell und Dur macht eher glücklich, Moll und langsam eher traurig.

1996 in Genf in der Schweiz

Hier will jemand genauer wissen, warum der Körper auf Musik reagiert: der Psychologe und Pianist Marcel Zentner.

Vom Trommelfell aus gelangen Töne über Millionen von Nervenbahnen als elektrische Signale in das limbische System. Hier werden Körperreaktionen ausgelöst, die wir nicht steuern können: Puls, Atmung oder auch die Ausschüttung von Hormonen.

Das hat für den Menschen einen entscheidenden Vorteil. Denn ohne lange nachzudenken, reagiert der Körper zum Beispiel auf Geräusche, die Angst machen, mit Flucht.

Der Schweizer Forscher testet an Versuchspersonen verschiedene Musikstücke. Die fröhliche Tritsch-Tratsch-Polka von Strauß: Sie löst Macht- und Freudegefühle aus. Die größten Gefühle von Sehnsucht und Zärtlichkeit hingegen empfinden die Testpersonen bei einem sehr getragenen, weichen Stück: Chopins Klavierkonzert Nr. 1.

Aber auch persönliche Erfahrung mit Musik spielt eine Rolle. Denn das limbische System zwischen Ohr und Gehirn lässt uns auch immer dann automatisch eine Gänsehaut bekommen oder traurig werden, wenn uns Musik an eine besondere Situation erinnert.

Jedes Jahr bei Dutzenden Rockfestivals auf der ganzen Welt
Was Wissenschaftler schon länger wissen, wird hier Realität. Denn bei Musik, die bei uns angenehme Gefühle auslöst, lässt sich Schmerz länger ertragen. Auch wenn es regnet oder ein bisschen kühl ist oder die Füße schmerzen – bei Rockfestivals vergessen Zehntausende Menschen diesen Schmerz und zwar solange, wie die Live-Musik sie glücklich macht.

Die Wahrheit übers Niesen

Mythen übers Niesen gibt es viele: Die Augen fallen raus, wenn man sie nicht schließt, Äderchen platzen, wenn man's unterdrückt, und Rippen können brechen. Was ist dran?

Ca. 350 vor Christus in Griechenland

Aristoteles macht sich mal wieder einen Kopf. Diesmal um das Niesen. In dieser Angelegenheit ist er aber relativ leidenschaftslos. Für ihn ist klar: Niesen ist etwas Göttliches. Einfach eine wie von Gotteshand ausgelöste Reaktion des Gehirns. Deshalb ist auch die Verehrung mit einem „Gesundheit!" oder „Wohlsein!" selbstverständlich.

Aber er denkt noch über etwas anderes nach: Viele Menschen müssen nämlich niesen, wenn sie aus dem Dunkeln in die Sonne treten.

„Los, komm mal schnell raus in die Sonne …" – „Hatschi!!!!" – „Gesundheit!"

Warum und ob Sonnenlicht niesen auslöst, findet er nicht heraus.

17. Jahrhundert in England

Der Philosoph Francis Bacon macht sich auch so seine Gedanken übers Niesen. Vor allem um genau diejenigen, die niesen, sobald sie vom Dunkeln in die Sonne gehen.

„Wenn du die Augen schließt, musst du schließlich nicht niesen. Damit ist ja wohl klar, was das Niesen auslöst."

Er ist nämlich davon überzeugt, dass Niesauslöser die Tränenflüssigkeit ist, die in die Augen schießt, sobald jemand in die Sonne guckt. Der Licht-Nies-Reflex. Aber schon bald danach klären Wissenschaftler, dass Tränenflüssigkeit in Auge und Nasenhöhle nicht die Ursache fürs Sonnen-Niesen sein kann, denn das Niesen kommt schneller, als die Tränen in die Nasenhöhle schießen können.

Heute

Mediziner schätzen, dass dieses Sonnenniesen bei einem Viertel der Menschen vorkommt. Bisher gibt es aber keine Belege, sondern nur Vermutungen: eine Überreaktion der Nerven. Ein Nieszentrum im Rückenmark, was den falschen Impuls gibt, oder eben doch der plötzliche Tränenfluss.

Dennoch haben Wissenschaftler allgemein sehr viel übers Niesen herausgefunden.

Männer niesen lauter als Frauen.

Und: 39,3 Prozent der Frauen unterdrücken das Niesen, weil sie es für höflicher halten.

Aber: Wer Niesen, aus welchen Gründen auch immer, unterdrückt, muss keine Angst haben. Der Körper hält diesen Druckanstieg aus. Auch, wenn er sich durch Unterdrücken noch erhöht. Ein gesunder Mensch muss weder befürchten, dass Äderchen platzen, Rippen brechen oder Augen rausfallen – sagen renommierte Hals-Nasen-Ohren-Ärzte. Trotzdem sagen sie aber auch: Was raus aus dem Körper will, soll auch raus.

Warum uns Schreien heiser macht

Wir rasten jubelnd aus bei einem Fußballtor. Wir grölen und kreischen mit bei einer Band, die uns gefällt. Ein paar Stunden danach kommt die Quittung: Wir haben keine Stimme mehr. Warum werden wir so schnell heiser – und Babys nicht, obwohl sie den ganzen Tag brüllen?

Am oberen Ende der Luftröhre
Hier befindet sich der Kehlkopf. Er ist wie ein Ventil, um die Luftröhre vor Flüssigkeiten oder Speiseresten zu schützen. Und er ist die Stimmerzeugungsmaschine unseres Körpers.

Ein Streichinstrument erzeugt in dem Moment einen Ton, wenn die Saiten in Schwingung gesetzt werden. Die menschliche Stimme funktioniert ähnlich: Hier müssen die Stimmbänder, die korrekterweise Stimmlippen heißen, in Schwingung geraten.

Ein menschlicher Ton ist das Zusammenspiel aus dem Ausatemdruck und Muskelspannung der Stimmlippen. Die Stimmlippen schwingen 100 bis 1000 Mal pro Sekunde gegeneinander. Je schneller, desto höher der Ton.

Ähnlich wie bei einem Luftballon, der ein Quietschen erzeugt, wenn man die Luft durch den kleinen auseinandergezogenen Rüssel entweichen lässt.

Achtung! Heiserkeit
Nicht immer sind Stimmdruck und Atmung optimal. Wir brüllen, wir kreischen, wir reden lang, wir trinken Alkohol und wir rauchen. All das ist wie ein kleines Gewitter auf den Stimmlippen.

Dabei kann sich der Kehlkopfbereich leicht röten. Die entzündeten Stimmlippen können nicht mehr frei schwingen. Und wenn sich die Stimmlippen nicht ganz schließen, sondern noch viel Luft mit durchkommt, entstehen Nebengeräusche und Rauheit in der Stimme. Wie ein Luftballon, der nicht mehr quietscht, sondern nur noch flattert.

Aber wenn wir zu sehr angespannt sind, in einer Prüfung zum Beispiel, dann passiert genau das Gegenteil: Die Stimme wird hoch und kieksig.

Babys machen alles richtig

Der Kehlkopf von Säuglingen ist brandneu und deshalb kaum abgenutzt. Ein absoluter Pluspunkt und Vorteil. So werden sie auch, wenn sie den ganzen Tag schreien, in der Regel nicht heiser. Außerdem haben sie intuitiv genau den richtigen Druck auf der Stimme, der die Stimmlippen nicht zu sehr beansprucht. Und sie atmen schonend mit dem Zwerchfell und Bauch. Erwachsene könnten das auch, wenn sie sich Mühe geben. Manche machen das sogar automatisch richtig und werden auch niemals vom Schreien heiser.

Gibt es ein Déjà-vu?

Déjà-vu – Das hab ich doch schon mal erlebt. Spielt das Gehirn verrückt oder sind es echte Begebenheiten an die wir uns erinnern?

1899 in Wien

Der Psychologe Sigmund Freud beschäftigt sich mit allem, was den Verstand des Menschen antreibt, bremst, motiviert oder aussetzen lässt. Déjà-vus? Daran macht er schnell einen Haken und hat seine ganz eigene Erklärung:

> *„Das ist wie ein kleiner Spiegel. Da kommen einfach frühkindliche Erinnerungen wieder hoch."*

Trotzdem werden in den darauffolgenden hundert Jahren Forscher das Thema Déjà-vu nicht loslassen. Denn immer wieder gibt es Anzeichen dafür, dass sich dieses „Das hab ich doch schon mal erlebt" nicht so einfach erklären lässt. Hirnforscher glauben nämlich eher an eine Fehlschaltung im Gehirn.

1980 in Berlin

Einem Patienten wird ein Hirntumor entfernt. Nach dieser Hirnoperation hatte er plötzlich überall das Gefühl, alle Menschen zu kennen. Im Restaurant, in der U-Bahn oder in der Stadt. Nur mit Medikamenten konnten Neurologen diesen Zustand wieder normalisieren.

Die Achtzigerjahre in Dallas, USA

Der Psychologieprofessor Alan Brown versucht herauszubekommen, ob einem Déjà-vu eine echte, früher passierte

Situation vorausgeht. Er zeigt Probanden Fotos unter einem Vorwand und viel später noch einmal. Plötzlich sind einige der festen Überzeugung: „An diesem Ort war ich doch schon mal."

Ob das aber wirklich ein Déjà-vu war oder nur eine künstlich herbeigeführte falsche Erinnerung, lässt den Professor weiter rätseln.

2006 an der Universität Leeds in England

Das Problem bei einem Déjà-vu: Es lässt sich nicht so leicht erforschen. Denn im Gegensatz zu Depressionen oder Epilepsien kann man Déjà-vus niemandem ansehen. Bislang glaubten viele an eine Art Reiz-Verdoppelung und Fehlschaltung des Gehirns, weil etwas mit beiden Augen wahrgenommen wurde, aber im Gehirn als zwei Reize ankommt. Der Psychologe Christopher Moulin kann mit blinden Probanden zumindest beweisen, dass Déjà-vus nicht mit nur mit den Augen zu tun haben.

Nach wie vor versuchen Hirnforscher, Psychologen oder Esoteriker das Phänomen Déjà-vu zu erklären. Niemand ist bisher dahintergekommen. Nur eins steht fest: Zwei Drittel aller Menschen haben mindestens einmal im Jahr so ein Erlebnis.

Ist Lachen gesund?

Wenn es plötzlich in der Kehle hochsteigt und wir die Kontrolle darüber verlieren, was passiert – dann ist es Lachen! Soll ja gesund sein. Aber warum?

1964 in Palo Alto, USA

Der Psychologe William Fry will es wissen. Was passiert im Körper, wenn wir lachen? Er guckt sich einen „Dick und Doof"-Film an. Bei der Szene, in der beide ein Klavier den Hügel hochschieben, lacht er sich kaputt.

Zur gleichen Zeit, lässt er sich durch eine Kanüle in regelmäßigen Abständen Blut abnehmen, das er untersucht. Mit einem sensationellen Ergebnis:

„In den Lachphasen sind viel mehr Killerzellen aktiv, der Körper ist also widerstandsfähiger."

Daraufhin gründet er das erste Forschungszentrum, in dem das Lachen untersucht wird.

70er Jahre in Los Angeles, USA

Der Journalist Norman Cousins leidet an einer schweren Knochenkrankheit. Weil nichts mehr zu helfen scheint, verordnet er sich selbst: Lachen. Monatelang schaut er sich Filme der Marx Brothers an. Und: Es hilft ihm. Obwohl sich viele über diesen Erfolg streiten – immerhin plädieren seitdem einige Ärzte sogar dafür, Lachen auf Rezept zu verschreiben.

2007, Freie Universität Berlin

Hier wird auch seit Jahren das Lachen erforscht. Professor Carsten Niemietz sagt:

„Lachen ist wie sozialer Klebstoff, um Beziehungen aufzubauen."

Er hat nachgewiesen: In einer Reisegruppe, in der sich niemand kennt, wird am ersten Tag viel häufiger gelacht als während der restlichen Reise.

Vierzig Jahre Lachforschung auf der ganzen Welt haben gezeigt: Der Blutdruck steigt, das Gehirn wird hellwach, und einige Muskelgruppen entspannen sich total. Deshalb fallen manche Kinder auf den Boden vor Lachen. Und: Wer herzhaft und ehrlich lacht, hat meistens den Kopf leicht nach hinten gebeugt und schließt die Augen. Und noch etwas: Ein Lächeln in der Stimme spüren wir sogar am Telefon – und ein aufgesetztes Lachen entlarven wir sofort als falsch und unsympathisch.

Verdammter Muskelkater

Die Anstrengung ist längst vorbei: Aber wenn die
Laufschuhe schon lange in der Ecke stehen, der
Tennisschläger verstaut ist oder die Gartenarbeit
erledigt ist, dann melden sich plötzlich die Muskeln.
Aber woher kommt der Muskelkater?

Wir laufen

Jedes Mal, wenn wir uns bewegen, fangen auch die Muskelfasern und die mit ihnen verbundenen Gelenke an zu arbeiten. Fast wie eine Ziehharmonika ziehen sich bei jedem
Schritt die Muskelfasern auseinander und wieder zusammen. Doch wenn diese Ziehharmonika besonders lang oder
oft bewegt wird, bilden sich kleine Risse. Bei ungewohnten
Bewegungen oder extrem langem Lauftraining. An Hunder-
ten dieser winzigen Stellen auf den Muskeln bilden sich Ent-
zündungsstoffe, und diese Mini-Risse füllen sich langsam
mit Körperwasser.

Etwas später – lange nach dem Sport

Durch die Flüssigkeit, die langsam und nach und nach in die
kleine Risse läuft, dehnen sich die Muskelfasern. Manchmal
einen halben Tag später. Und was sich dehnt ... spüren wir.
Das ist so, als würden wir ungeübt einen Spagat machen.
Während man sich aus einer ungeübten Spagatdehnung relativ schnell selbst befreien kann, geben die gedehnten Muskelfasern noch lange keine Ruhe. Dass wir das Ganze Muskelkater nennen, hat nichts mit der Katze zu tun. Es hat sich eher
aus dem Katarrh, also einer Entzündung, in die Sprache ein-
geschlichen.

Es gibt etwas, das hilft gegen Muskelkater

Und das ist: Kirschsaft. Amerikanische Forscher haben testweise Sportlern Kirschsaft zu trinken gegeben und sie dann übermäßig Sport treiben lassen. Einige hatten aber, ohne dass sie es wussten, keinen echten Kirschsaft – sondern nur etwas, was genauso schmeckt. Dabei kam heraus: Sauerkirschsaft lindert den Muskelkaterschmerz und hält den Muskel außerdem noch länger bei Kräften.

Und noch etwas: Es gibt nur zwei Säugetiere auf der Welt, die überhaupt Muskelkater erleiden. Das eine ist der Mensch und das andere: das Pferd.

Ansteckendes Gähnen

Auch wenn wir uns die allergrößte Mühe geben:
Meistens gähnen wir herzhaft mit, wenn jemand
anderes gähnt. So als sei es ansteckend.

1880 mitten in Brasilien

Karl von den Steinen, ein großer Völkerkundler aus Mülheim
an der Ruhr, ist gerade auf seiner Reise rund um die Welt. Tief
im Wald des Amazonasgebietes in Brasilien trifft er auf das
Volk der Bakairi. Er beobachtet sie abends, als sie zusammen-
sitzen und reden. Von den Steinen notiert sich danach folgen-
des in sein Büchlein:

> *„Wird es des Geplauders zu viel, so gähnt alles aufrichtig,
> ohne die Hand vor den Mund zu nehmen. Unverkennbar:
> Dieser wohltuende Reflex steckt an."*

Danach steht einer nach dem anderen auf und geht schlafen.
Wie wichtig es ist, dass dies alle zur gleichen Zeit tun, wird
dem Forscher erst später klar. Denn wenn innerhalb der
Gruppe einzelne Menschen müde wären und auf der Stelle
einschlafen würden, während die anderen des Volkes munter
weiter ziehen, wäre die Gruppe bald zerrissen und das Volk
gefährdet. Das Gähnen ist hier fast so eine Art automatisches
Gemeinschaftssignal.

**1963 am Eßsee, in der Nähe des Starnberger Sees in
Oberbayern**

Hier untersucht der Verhaltensforscher Konrad Lorenz, wie
sich innerhalb einer Gruppe von Graugänsen die Stimmung
wie durch Ansteckung überträgt. Dabei geht es ihm nicht ums

Gähnen oder das Schlafengehen. Er beobachtet etwas anderes: Jedes Mal, wenn einzelne Tiere genug gefressen haben und weiterziehen wollen, fangen sie an mit den Flügeln zu schlagen und zu schnattern. Das überträgt sich auf die ganze Gänsegruppe, sodass sie später gemeinsam auffliegen und weiterziehen. Lorenz beweist damit, dass Stimmungen ansteckend sein können.

1989 in Baltimore in den USA

Lange Zeit hält sich das Gerücht, dass Gähnen durch Sauerstoffmangel ausgelöst wird. Dem Psychologie-Professor Robert Provine gelingt es zu beweisen, dass das nicht richtig ist.

Er lässt Probanden Luftgemische mit unterschiedlichen Sauerstoffkonzentrationen einatmen. Außerdem vergleicht er ruhige Menschen mit welchen, die gerade Sport gemacht haben und schnell atmen. Dabei stellt er fest:

„Wie oft und wie lange gegähnt wird, hat nichts mit der Konzentration von Sauerstoff in der Luft zu tun. Es muss also anders ausgelöst werden."

Nach und nach findet er durch weitere Experimente Erstaunliches heraus.
- Gähnen dauert durchschnittlich sechs Sekunden.
- Babys im Mutterleib gähnen bereits ab der 11. Schwangerschaftswoche.
- Gähnen kühlt das Gehirn.

Aber warum genau Gähnen ansteckend ist, bleibt weiter ein Geheimnis.

Warum wir Schlaf brauchen

Weil wir müde sind – schlafen wir.
Sonst noch was?

Das passiert im Kopf
Gähnen und Müdigkeit sind sozusagen die Rauch- und Feuer-melder unseres Körpers. Sie melden: Du brauchst Erholung, und zwar möglichst schnell!

Im Hirn werden hektisch Informationen von Nervenzelle zu Nervenzelle weitergegeben – der Botenstoff Melatonin überbringt in diesem Falle die Botschaft:

„Alle mal ganz ruhig hier! Heizung runterdrehen,
Körpertemperatur ein halbes Grad senken. Herz!
Schlag langsamer. Lunge! Atme ruhiger."

Das passiert beim Einschlafen
Manche sind nach zwei Minuten weg – die meisten anderen spätestens nach einer halben Stunde. Der Augenblick des Ein-schlafens bleibt aber ein Geheimnis, an das sich niemand erinnern kann. Im Hirn vernebeln chemische Vorgänge unser Bewusstsein.

Das passiert im Schlaf
Der Schlaf selbst ist ein ständiges Auf und Ab in Spielfilm-länge. Neunzig Minuten Tiefschlaf. Der Körper ist so derma-ßen ruhig – jetzt würden wir noch nicht mal mitkriegen, wenn uns jemand samt Matratze aus dem Zimmer zieht. In dieser Zeit tankt der Körper so richtig Kraft und die Zellen erneuern sich.

Danach neunzig Minuten Traumphase. Das Hirn ist hoch-aktiv und es purzeln Gedanken und Bilder zu Träumen zusammen. Die Augen flitzen unter den Lidern hektisch hin und her. Diese Phase ist die perfekte Erholung für alles, was einem tagsüber im Kopf rumgeschwirrt ist.

Warum Menschen und auch Tiere überhaupt schlafen müssen, ist immer noch nicht erforscht. Fest steht nur: Schlafentzug über mehrere Tage ist Folter.

Warum träumen wir?

Pro Jahr verbringen wir rund 2 500 Stunden im Bett
und schlafen. Forscher sagen, jeder träumt dabei –
nur oft kann man sich morgens nicht daran erinnern.
Was sind überhaupt Träume?

Hier entstehen Träume

Ein bestimmter Teil unseres Gehirns verarbeitet vor allem
Gefühle, Motivation und das Triebverhalten: das limbische
System – es steuert auch tagsüber Freude, Lachen, Trauer,
Tränen oder Lustempfinden. Während des Schlafens wird
diese Ecke des Gehirns vor allem in den leichten Schlafphasen
aktiv. Oft flackern die Augen dann schnell. In diesem Moment
purzeln die Erinnerungen durcheinander –

*Autofahrer: Hey, Du Idiot! / Frau: Ich liebe dich ... /
Chef: Meyer, Sie sind gefeuert!*

Fast so, als würde jemand ein Kartenspiel mit Bildern offen
mischen.

Männer träumen anders als Frauen

Vor allem die renommierten Schlafforscher des Schlaflabors
in Mannheim haben in Langzeitstudien festgestellt, dass sich
in den vergangenen fünfzig Jahren kaum etwas geändert hat.
Männer träumen oft vom Beruf und vor allem von ... Sex.
Frauen träumen von Zielen, die sie erreichen wollen und ...
von der Familie.

Eines tun aber sowohl Frauen als auch Männer besonders
gern im Traum: Fliegen.

Träume kann man steuern!

Manche Menschen träumen klar. Das heißt, sie können während des Traums steuern, wie es weitergeht. Und noch besser, sie können den Traum noch schnell zu einem Happy End träumen, nachdem der Wecker das erste Mal geklingelt hat.

Schlafforscher sind der Überzeugung, dass man Klarträumen trainieren kann. Wer über Wochen vor dem Einschlafen fast meditativ sich vorsagt: „Heute werde ich klarträumen", bei dem ist die Chance groß, dass es klappt. Sportler nutzen das, um Bewegungsabläufe im Traum durchzugehen.

Diejenigen, die Träumen trainieren und sich darauf einlassen, sind auch diejenigen, die sich nachher besser an den Traum erinnern können.

Was Hypnose mit uns macht

Jahrmarkt-Hokuspokus oder medizinische Revolution. Was ist das Geheimnis der Hypnose?

1768 in Wien

Der junge Arzt Franz Anton Mesmer vom Bodensee hat es in Wien zu Ansehen gebracht. Sein Spezialgebiet: Magnete, die heilsame Wirkung auf den menschlichen Körper haben sollen. Mesmer ist beliebt, hat tolle Freunde, wie die Mozarts, die Uraufführungen auf seinen Gartenpartys spielen.

Mesmers Heilmethoden und -erfolge sprechen sich herum: Er füllt Fässer mit Wasser, Metallspänen und Magneten und lässt Patienten darin baden. Außerdem legt er beruhigend seine Hände auf. Eine frühe Form der Hypnose. Mit einem Haken: Der Beweis, dass Behandlung und Heilung zusammenhängen, fehlt. Das wird ihm zum Verhängnis – er muss Österreich verlassen, geht ins aufgeschlossene Paris – und wird dort als Heiler berühmt und sehr reich.

1843 in Manchester

Der Arzt James Braid hat die Magnetbehandlung weiterentwickelt. Er stellt Patienten bei schmerzhaften Behandlungen ruhig, indem er sie in eine Art Schlaf versetzt. Er nennt es – ans griechische Wort angelehnt – Hypnose. Das Wort bleibt bestehen, auch als er später erkennt, dass der Bewusstseinszustand eben kein Schlaf ist, sondern eine besondere Form der Wachheit.

In den Krankenhäusern kommt die Hypnose nicht so schnell an wie die Chemie: Lachgas und Chloroform werden die Betäubungsmittel der Wahl. Die Hypnose verschwindet aus der Medizin und rückt auf den Jahrmarkt – als Show zur Unterhaltung und zum Gespött.

„… und nun werden Sie immer ruhiger und verwandeln sich in einen Hund."

Das passiert bei Hypnose im Körper
Wer hypnotisiert ist, schläft nicht, sondern ist wach – hat das Bewusstsein aber auf etwas gelenkt, das nichts mit der aktuellen Umgebung zu tun hat.

Aber ähnlich wie im Schlaf entspannen sich die Muskeln, der Atem wird ruhiger, der Blutdruck sinkt. Die Reizschwelle ist so gering, dass unbemerkt eine Nadel durch die Haut geschoben oder angstfrei der Zahnarztbohrer angesetzt werden kann.

Der Hypnotiseur kann beeinflussen, auf was das Bewusstsein sich lenkt. Wer es trainiert, kann sich selbst auch in Hypnose versetzen – wie tief, gilt als eine Frage der Übung. Der Spielraum dafür, was Hypnotiseure beeinflussen können, ist allerdings kleiner, als Hollywood vormachen will. Die Experten sind sich einig: Ein Auftragsmord unter Hypnose gilt als ausgeschlossen.

Verliebtheit macht uns zum Idioten

Wer verliebt ist, macht ungewöhnliche Dinge: ständig SMS tippen, alles mit rosaroter Brille sehen, Gedichte schreiben oder je nach Talent auch Lieder. Warum spielen wir verrückt, wenn wir frisch verliebt sind?

Universität in Pisa, 1999

Forscher wollen herausfinden, wo genau die Macke sitzt, die Verliebte haben. Sie bilden drei Gruppen von Versuchspersonen. In der ersten Gruppe: frisch Verliebte, die noch nie Sex hatten.

„Wir sind ganz dolle verliebt!"

In der zweiten Gruppe: Menschen, die wissen, dass sie unter bestimmten Zwangshandlungen leiden.

„Ich fasse keine Türklinken an!" „Ich muss immer alle Gullydeckel zählen und mir ständig die Hände waschen."

Und in der dritten Gruppe: Normalos, gesund, fit, entspannt und nicht frisch verliebt.

Der erstaunliche Test

Alle Versuchspersonen machen einen Test, der Zwanghaftigkeit ans Licht bringt und darüber hinaus noch zeigt, ob jemand außergewöhnlich wach und genügsam ist. Verdächtig viele Punkte haben die frisch Verliebten: Sie gelten als einigermaßen zwanghaft und außerdem genügsam. Das alles schlägt sich nieder in wahnsinnigem Briefeschreiben, Telefonieren, SMS-Tippen, CDs mit Lieblingsliedern zusammenstellen. Und die Welt wird oft durch die rosarote Brille betrachtet.

Das passiert im Gehirn

Auf den Nervenbahnen befinden sich unzählige Botenstoffe – sogenannte Neurotransmitter, die Informationen von einer Nervenzelle zur anderen weitergeben.

Einer davon Serotonin. Die wichtigste Aufgabe dieses Botenstoffes im Gehirn ist es, die Empfindungen zu steuern von Schlaf, Temperatur, Appetit, Sexualverhalten oder Schmerz. Die Blutproben der frisch Verliebten haben gezeigt: Sie haben besonders wenig Serotonin, sind also besonders verhaltensauffällig – um nicht zu sagen irre vor Liebe.

Warum heiraten wir?

Wer kam eigentlich auf die Idee, dass Menschen heiraten? War das schon immer so?

Vor ein bis zwei Millionen Jahren in der Steinzeit

Männer jagen. Männer schwingen die Keule. Männer verlassen die Höhle, um Nahrung zu beschaffen. Und sie paaren sich. Evolutionsforscher sind sich sicher, dass es zu dieser Zeit freie, wilde Partnerwahl gab – ganz ohne Bindung. Erst nach und nach entwickelt sich so etwas wie eine Gruppenehe oder Vielehe. Der frühe Mann bindet also viele Frauen.

Im frühen Mittelalter

Hiwa – so sagen die alten Germanen zu dem, was wir Heirat nennen. Es bedeutet: Hausgemeinschaft. Der Bräutigam muss der Sippe, aus der die Auserwählte kommt, viel Geld zahlen. Das können sich nur Männer aus der Oberschicht leisten. Mitspracherecht bei der Partnerwahl hat die Frau nicht – der Sippenrat entscheidet. Ab jetzt steht sie in der Schutzgewalt des Mannes. So sieht es auch die Trauung vor. Der Mann schlingt den Mantel um sie, nimmt sie in sein Haus und kommt im Bett den sogenannten ehelichen Pflichen nach – vor Zeugen. Als Dank für ihre Hingabe erhält sie am Morgen danach die Morgengabe – ein wertvolles Geschenk.

1225 in Rom

Ab jetzt mischt sich die Kirche mit ins Heiraten ein. Es wird zur Pflicht, den Segen eines Priesters bei der Eheschließung einzuholen. Dabei wird das berühmte Ja-Wort vor dem Altar erfunden – außerdem müssen zwei Trauzeugen anwesend sein. Die Kirche greift hart durch und verbietet alle anderen Arten der Eheschließung. In Deutschland mischt sich 600 Jahre später der Staat ein, und seit 1848 steht fest: Kein Geistlicher darf eine rechtswirksame Ehe schließen, bevor sie nicht ein staatlicher Standesbeamter bekundet hat. Das gilt bis heute.

Rasende Eifersucht

Eifersucht – dieses kleine, tobende Monster, das uns von innen auffrisst. Schon lange wollen Forscher die Ursachen dafür herausfinden. Und leiden Frauen wirklich mehr als Männer unter Eifersucht?

2003 San Diego in Kalifornien

Bisher gilt unter vielen Wissenschaftlern: Männer und Frauen sind unterschiedlich eifersüchtig. Männer sind sexuell eifersüchtig. Das heißt: Sie befürchten, durch eine untreue Partnerin Kinder großzuziehen, die gar nicht ihre eigenen sind.

„Papa?!"

Frauen hingehen sind emotional eifersüchtig. Das wiederum heißt: Sie befürchten, dass sich ihr untreuer Partner nicht mehr voll und ganz um sie und die Kinder kümmern könnte.

„Ich bleib heute länger im Büro!"

Doch die Untersuchungen 2003 in San Diego zeigen, dass das so einfach nicht ist. Frauen und Männer sind eher gleichermaßen eifersüchtig: Beide haben sowohl Angst vor sexuellem Betrug als auch vor dem Verlust von Zuneigung.

2007 in Groningen in den Niederlanden

Hier finden Forscher in Langzeittests Beachtliches heraus: Je größer Männer sind, desto entspannter reagieren sie auf mögliche Konkurrenten.

„Haha, der da unten ... keine Konkurrenz für mich."

Frauen von mittlerer Körpergröße sind am seltensten eifersüchtig. Besonders große oder besonders kleine dagegen häufiger.

Das hat einen Grund: In der Evolutionsgeschichte sind Frauen von mittlerer Größe besonders fruchtbar und gesund. Und: Männer wirken umso attraktiver, je größer sie sind, weil das als Zeichen von Dominanz und Fähigkeit zur Fortpflanzung gedeutet wird.

2009 in New York

Eine große Studie mit jungen Leuten, die in einer Beziehung leben, ergibt: Je mehr sie im Internet auf Seiten wie Facebook unterwegs sind, desto eher werden sie eifersüchtig. Das wiederum führt dazu, dass sie immer noch mehr im Internet die Kontakte ihrer Freundin oder des Freundes genauer unter die Lupe nehmen.

„Was? So ein Surfertyp kennt meine Freundin?"

Eine Spirale der Eifersucht setzt sich in Gang! Forscher finden heraus: Es macht regelrecht süchtig. Diese Eifersucht und das Misstrauen wirken sich dann sogar auf die echte Beziehung aus. Und zwar gar nicht gut.

Knock Out

Ein heftiger Schlag auf den Kopf – K.o., Ende. Aus.
Aber was genau geht da im Kopf ab, wenn wir
bewusstlos werden?

Rein in den Kopf

Es geht rasend schnell. Erst die Drohung. Dann der Schlag
und schon wird es dunkel. Der heftige Schlag sorgt dafür, dass
im Gehirn die Blut- und Sauerstoffversorgung nicht mehr
funktioniert. Das Gehirn macht Feierabend.

Die Steuerung ist im Eimer

Wenn das Gehirn ein paar wichtige Funktionen nicht mehr
steuert und die Arbeit niederlegt, streiken ein paar andere
Körperteile gleich mit. Die Augen schalten ihr Bild um auf
Schwarz. Die Muskeln machen schlapp. Und zwar genau die,
die uns gerade noch aufrecht gehalten haben. Nur die Atmung
und der Herzschlag, die sind nicht in der Gewerkschaft – und
machen deshalb fleißig weiter.

K.o. ohne fremdes Verschulden

Manchmal brauchen wir keine Gegner, um K.o. zu gehen.
Wenn uns etwas emotional sehr mitnimmt, reicht es schon
aus – die Angst vorm Zahnarzt, oder Ekel. Der Kreislauf
macht nicht mehr mit – denn das Gehirn gibt ein fatales
Signal.

*Gehirn: „So, alle Adern mal bitte schön locker und ganz
weit auf."*

Die Blutgefäße weiten sich – dadurch sackt das Blut in die Beine, das Gesicht wird weiß – und ... wir liegen flach. Das Gute: Wenn wir flachliegen, bekommt das Gehirn auch langsam wieder genug Sauerstoff und das Bewusstsein kommt zurück.

Forscher der Uni Konstanz haben nachgewiesen, dass es für manche Menschen nachträglich gut ist, länger ohnmächtig gewesen zu sein. Wer nach einem schlimmen Unfall nur wenige Minuten das Bewusstsein verliert, wird sich meistens schnell wieder an alles erinnern können. Auch an schlimme Dinge. Wer mehrere Stunden ohnmächtig ist, hat auch später oft kaum mehr eine Erinnerung an den Unfall.

Die Rettung gegen K.o.-Tropfen

Gegen einen Schlag auf den Kopf können wir uns nur schwer wehren. Wohl aber gegen K.o.-Tropfen – auch wenn es unpraktisch ist. Forscher aus London haben nämlich Teststäbchen entwickelt, die mehr als vierzig verschiedene Betäubungsmittelchen im Getränk aufspüren können.

Kratzen und Jucken

Es ist wohl die fieseste Gemeinheit, die unser Körper parat hat: Juckreiz. Was passiert da genau und warum kratzen wir uns dann?

Die Ursachen fürs Jucken
Da gibt es viele: eine Mücke. Eine Brennnessel. Ein Pullover.

„Oh, ist der neu?" – „Nein, der kratzt."

Für alle Empfindungen gibt es im Gehirn bestimmte Regionen, die sie verarbeiten. Für Freude, für Schmerz und eben auch fürs Jucken. Wenn es juckt, ist das eine körpereigene Alarmanlage:

„Achtung! Achtung! Störobjekt auf der Haut! Nimm die Hand und kratz es weg!"

Ein Grashalm, ein Insekt oder eine Wollfaser wäre damit beseitigt – wehe aber, der Juckreiz dauert an, weil eine Mücke zugestochen hat.

Der Kampf gegen das Jucken
Ohne zu überlegen formen wir die Finger zu kleinen Krallen und fangen an zu kratzen. Im ersten Moment kommt eine Erlösung:

„Aahhh!"

Der Grund dafür ist einfach: Kratzen verursacht Schmerzen. Aber nur sehr schwache. Allerdings überdeckt dieser Schmerz den Juckreiz. Denn Schmerzempfinden wird schneller zum

Gehirn geleitet als Jucken. So spüren wir nur den Kratz-schmerz und der ist viel angenehmer als das Jucken.

Der Teufelskreis aus Jucken und Kratzen

Kratzen ist ein Reflex. Selbst wenn man sich fest vornimmt:

„Ich kratze jetzt nicht, ich kratze jetzt nicht, ich kratze jetzt nicht ... aahhhh!"

Irgendwann kann selbst Willensstärke den Kratzreflex nicht zurückhalten.

Ein kurzes Kneifen hilft oft besser als ständiges Kratzen. Denn wer sich erstmal in einen Kratzwahn reinsteigert und nicht aufhören kann, schädigt die Haut. Für ständiges Jucken kann es allerdings auch andere Ursachen geben. Fehlgeleitete Impulse ans Hirn – obwohl die Haut selbst nicht gereizt ist. Das ist ein Fall für den Arzt. Die harmlose Variante solcher Fehlleitungen kennen wir aber auch: Es juckt, nur weil im Radio gerade jemand etwas von Läusen oder einem kratzen-den Pulli erzählt.

Zungenroller

Der eine kann's, den anderen bringt schon der Versuch zur Verzweiflung: Zungenrollen. Ist das eine Macke, oder gibt es das Zungenroller-Gen?

1940, Pasadena, Kalifornien
Der amerikanische Genetiker Alfred Sturtevant ist felsenfest davon überzeugt, dass man zum Zungenrollen genetisch veranlagt ist.

„Mhhh ... es muss ein dominantes Gen sein, das dafür verantwortlich ist."

Und an diesem Gen soll es liegen, ob Eltern einen Zungenroller oder einen Nicht-Zungenroller zur Welt bringen.

Seitdem wird überall auf der Welt im Biologieunterricht oft der Zungenroller-Trick angewendet, wenn über die genetische Vererbung von Eigenschaften gesprochen wird.

„Kinder, kurz die Zunge raus ... Seht ihr, so teilen wir die Menschen in welche, die ihre Zunge zu einem U rollen können, und in welche, die es nicht können."

1965, immer noch in Kalifornien
Leider ist das nur die halbe Wahrheit.

„Was ...?"

Denn Sturtevant muss zurückrudern. Er gibt zu, dass es für diese Theorie nicht genug Beweise gibt.

„Ja, also ähm ... wie soll ich sagen ..."

Erstens: Auch unter Zwillingspärchen, die ja gleiche Erb-anlagen haben, gibt es Roller und Nicht-Roller. Und zweitens: Es hat auch schon Fälle gegeben, in denen Menschen das Zungerollen gelernt haben.

Heute

Die ganze Wahrheit übers Zungenrollen ist noch nicht geklärt. Spaß, es herauszufinden, macht es trotzdem, denn immerhin ist die Wahrscheinlichkeit hoch, dass Kinder, die ihre Zunge rollen können, mindestens einen Elternteil haben, der auch Zungenroller ist. Von zehn Menschen können durchschnitt-lich sieben ihre Zunge rollen.

Was passiert bei Doping im Körper?

Geschluckt oder gespritzt. Hauptsache rein in den Körper mit den Top 3 der Dopingmittel. Was sie dort machen, wissen nur die Wenigsten.

Die Hallo-Wach-Pillen: Stimulanzien

Diese Aufputscher machen hellwach. Sie wirken ähnlich, wie der körpereigene Stoff Adrenalin. Unter Kampfpiloten sollen sie verbreitet sein. Studenten putschen sich damit vor Prüfungen. Der Wirkstoff der Pillen wandert übers Blut zu den Nervenzellen im Gehirn. Dort fangen die geschluckten Amphetamine an, herumzupfuschen. Sie bewirken, dass das körpereigene Adrenalin länger ausgeschüttet bleibt. Das Herz schlägt kräftiger und schneller. Der Körper arbeitet mit voller Leistung. Die Gefahr dabei: Der Körper läuft heiß – Überhitzung, Ohnmacht und Kreislaufkollaps sind die Folge.

Die Popeye-Spritze: Anabolika

Anabolikum ist eine Art Bausatz männlicher Hormone, der direkt in den Muskel gespritzt wird. Es sorgt dafür, dass mehr Eiweiß in den Muskelzellen gebildet wird – Muskeln, die trainiert werden, wachsen umso stärker. Kraftmeier, wie Gewichtheber, greifen deshalb zu Anabolika. Frauen, die sie nehmen, werden männlicher. Brüste werden kleiner, die Stimme tiefer. Männer werden weiblicher. Gefährliche Nebenwirkung: Die Leber nimmt großen Schaden, das Herz vergrößert sich gefährlich.

Das verdammte Epo: Erythropoetin

Hier geht es um langanhaltende Power, für Radfahrer zum Beispiel. Dazu muss möglichst viel Sauerstoff im Körper sein. Das ist immer dann so, wenn auch viele rote Blutkörperchen unterwegs sind, die Zellen und Organe versorgen. Epo ist ein körpereigener Stoff, der auch künstlich produziert werden kann. Epo dockt am Knochenmark an, dadurch entstehen mehr rote Blutkörperchen. Das Gleiche passiert auch, wenn der Sportler Höhentraining macht. Wer sich dann Blut abzapfen lässt, als Blutkonserve lagert und kurz vorm Wettkampf wieder einleitet, hat auf den Punkt viele rote Blutkörperchen. Sie machen aber das Blut dicker und erhöhen die Gefahr von Blutgerinnseln und Herzinfarkt.

Macht das Gehirn dick?

Pizza, Pommes und Paniertes. Übergewicht zählt die Weltgesundheitsorganisation zu den zehn Haupt-Gesundheitsproblemen. Ist unser Körper in der modernen Welt überhaupt gemacht für so einen Überfluss an fettiger und süßer Nahrung?

Komm mit, mitten ins Gehirn (kurz nach dem Essen)
Es ist das Schaltzentrum unseres Körpers. Wie in einem Flughafentower wird gesteuert, welche Gefühle und Stimmungen Landeerlaubnis haben. Und welche Botenstoffe, also Hormone, starten dürfen, um im Körper bestimmte Reaktionen auszulösen.

> *„Hier ist Appetit. Ich bitte um Landeerlaubnis. Hinter mir drängelt auch schon Hunger."*

> *„Sehr gern. Dürft beide landen. Wir schicken auch sofort die Expresssendung ‚Isswas' auf die Startbahn ..."*

Wenig später, kurz nach dem Essen, erneut hohes Verkehrsaufkommen:

> *„Der volle Magen bittet Sättigungsgefühl um Landeerlaubnis ..."*

> *„Alles roger. ‚Stopp Nahrungsaufnahme' startet auch gleich schon ..."*

Aber warum kommt es vor, dass diese Steuerung aus dem Gleichgewicht gerät und wir also zu dick werden?

1994 an der Rockefeller-Universität in New York

Wissenschaftler sind der Ursache auf der Spur, die für Appetit und Gewicht verantwortlich ist. Allen voran Dr. Jeffrey Friedman. Er entdeckt das Hormon Leptin. Es wirkt wie eine Essbremse, die im Gehirn den Schalter umlegt. Dadurch stoppt es Nahrungsaufnahme und erhöht gleichzeitig den Energieverbrauch. Es regelt, ob Fett gespeichert oder abgebaut wird.

Allerdings entdecken Forscher, dass bei extremem Übergewicht diese Essbremse offenbar von Natur aus zu schwach ist oder nicht funktioniert.

2007 im Genetikinstitut der Universität in Köln

Viel Bewegung, gesundes Essen – gilt lange Zeit als der Schlüsselweg zum richtigen Körpergewicht. Seitdem Leptin entdeckt wurde, zweifeln Forscher daran, dass das der einzige Weg ist. Denn der Kölner Genetik-Professor Claus Brüning ist überzeugt davon, dass im Gehirn von übergewichtigen Menschen bestimmte Signale nicht ankommen. Fettzellen schicken also Leptin zur Steuereinheit im Gehirn. Aber – um im Bild es Flughafentowers zu bleiben – im Tower hört niemand auf die Botschaft „Nahrungsaufnahme stoppen". Irgendetwas läuft hier schief und Wissenschaftler suchen weiter danach, ob und wie die natürliche Essbremse Leptin repariert werden kann.

*Warum die Zwiebel auf
die Tränendrüse drückt
und was ein Italiener mit
einer Spätzlepresse so
alles anstellt*

ESSEN & TRINKEN

Die Geheimnisse des Kaffees

Kaffee ist – nach Wasser – das Getränk, das Deutsche am häufigsten zu sich nehmen. Aber wie schafft es Kaffee, unseren Körper wach zu halten und wer ist überhaupt auf die Idee gekommen, diese Bohne zu einem Getränk zu verarbeiten?

9. Jahrhundert im Jemen

Hier hütet ein Hirte auf den Bergweiden seine Ziegen. Er wundert sich, warum seine Tiere seit sieben Tagen auch nachts springen, hüpfen und tanzen und nicht schlafen.

Aufgeregt rennt er zu einem Kloster in der Nähe, um Mönche um Rat zu fragen.

„Meine Ziegen sind völlig irre. Sie meckern Tag und Nacht und schlafen überhaupt nicht mehr."

Die Mönche und der Hirte suchen nach etwas, was die Ziegen gefressen haben müssen: Sie entdecken eine strauchartige Pflanze, die sie nicht kennen. Weil Mönche gern alles Mögliche mit heißem Wasser aufgießen, tun sie es auch mit den Blüten und den kirschähnlichen Früchten. Sie trinken davon und sind hellwach – sehr praktisch, da sie so auch zu nächtlichen Gebetszeiten nicht müde sind. Das spricht sich rum, auch unter Händlern, und so werden die ersten Kaffeekerne gehandelt und verbreiten sich im ganzen Orient.

17. Jahrhundert in London

Die ersten Exportkaffeebohnen aus dem Orient schaffen es bis nach Europa. In London eröffnet das erste Kaffeehaus. Ein exklusiver Zirkel pflegt hier das Kaffeetrinken. Als die Türken vor Wien stehen, dann aber doch die Flucht ergreifen, lassen sie wertvolle Beute zurück: Kaffeesäcke. Und deshalb entstehen auch hier die bis heute weltberühmten Kaffeehäuser.

Besonders Schriftsteller und Künstler sind wie angefixt von der Wirkung des Kaffees und fühlen sich in Kaffeehäusern besonders von der Muße geküsst. Auch Schiller und Goethe kehren hier ein.

Goethe schreibt: „Wer reitet so spät durch Nacht und Wind ... Hm ... wer könnte das sein?" Er trinkt einen Schluck Kaffee und ergänzt: „Ah. Es ist der Vater mit seinem Kind."

Heute

Im Schnitt trinkt jeder von uns fast 150 Liter Kaffee pro Jahr. Nicht zuletzt wegen der wundersamen Wirkung des Koffeins. Es setzt sich schnell an die Rezeptoren von Nervenzellen im Gehirn fest und wird nur langsam abgebaut. Deshalb ist dort der Platz eine Weile lang belegt, für andere Stoffe, die müde machen. Aber der Körper gewöhnt sich dran. Wer also seltener Kaffee trinkt, für den ist die Wachmacherwirkung umso größer.

Niemand kann sich frischem Brot entziehen

Wenn es irgendwo nach frischem Brot riecht, zieht es uns magisch an. Und einmal angefangen, können wir kaum aufhören, davon zu essen. Aber warum?

Im Ofen

Hier verwandelt sich ein Gemisch aus Mehl und Sauerteig in ein frisches Brot. In dem Moment, wenn die Kruste knusprig und etwas dunkel wird, entstehen Substanzen, die unser Gehirn in Vorfreude schon im Dreieck springen lassen. Röstaromen signalisieren, so wie beim Kaffee, im Gehirn sofort: Das muss ich haben, das macht mich glücklich. Genau wie Schokolade.

Frisches Brot auf dem Tisch

Es knuspert beim Aufschneiden. Es duftet. Und weil es so unglaublich locker und luftig ist, kann es viel schneller gekaut und geschluckt werden. Echter Heißhunger! Ganz anders als bei altem Brot, das lange eingespeichelt werden muss, damit es überhaupt runtergeht.

Kein Wunder also, dass immer dort, wo mit Essen sparsam umgegangen werden musste, selten frisches Brot serviert wurde.

Außerdem sagt das Gehirn nach ungefähr zehn bis zwanzig Minuten: Du bist einigermaßen satt! Unabhängig davon, wie viel wir in der Zeit schon in uns reinstopft haben: von frischem Brot sehr viel – von älterem Brot eher wenig.

Macht zu viel frisches Brot Bauchschmerzen?

Bestimmt nicht. Sonst würde man auch von frischer Pizza oder Croissants ständig Bauchweh bekommen.

Frisches Brot kann nur dann gefährlich werden, wenn zu reichlich Butter draufgeschmiert wird, die sofort wegschmilzt. Dann wird frisches Brot zur echten Kalorienbombe – aber dafür kann das frische Brot nichts.

Zwiebeltränen

Weinen in der Küche – muss das sein? Warum
drückt Zwiebeln schneiden so gnadenlos auf die
Tränendrüse und wie kam die Knolle überhaupt
ins Essen?

3000 vor Christus im Orient

Irgendwo dort, wo heute Afghanistan ist, wächst eine Knolle
heran. Eine, die sehr zäh ist: Selbst in Steppengebieten wächst
sie gut, und weil sie gegen natürliche Feinde eine kleine Waffe
parat hat, schafft es die Zwiebel über Jahrtausende der Evolu-
tion zu überleben. Denn wenn Wühlmäuse sich an einer Zwiebel zu schaffen machen, bekommen sie sofort eine zwiebelty-
pische Salve Reizgas ab. Außerdem sind die meisten Zwiebeln
für Säugetiere giftig.

Schnell entdecken die Menschen aber, dass bestimmte
Zwiebeln genießbar sind und ganz hervorragend schmecken.

Markthändler im Orient:
„Hier, eine ganz hervorragende Wahl, mein Herr. Sie hilft
gegen Erkältung und Husten und sie schmeckt ... und das
alles zu einem Preis, der sie bestimmt nicht weinen
lässt."

16. Jahrhundert in den Niederlanden

Ein Gesandter kommt gerade von einer Reise aus dem Orient
zurück und trifft sich mit einem Botaniker der Universität zu
Leiden.

„Herr Botschafter, was haben Sie da Feines mitgebracht?"

„Ach das? Hmm. Zwiebeln. Geschmacklich eine Wucht.
Aber diese Zwiebeln können mehr: Aus diesen Zwiebeln
entstehen ganz wunderbare Blumen. Wie kleine Turbane
sehen sie aus."

Die kleinen Turban-Blumen, sprich Tulipane, also Tulpen, werden in den Botanischen Garten der Universität gepflanzt. Weil besonders die reichen Leute hin und weg von der Pracht dieser Blume sind, beginnt der Botaniker, weitere Sorten zu züchten. Holland wird Zwiebelland und Tulpenland.

Heute
Porree, Knoblauch und Schnittlauch, das sind gewissermaßen die Geschwister der Gemüsezwiebel. Sie alle heißen Lilie mit Nachnamen. Und sie alle rühren uns mal mehr, mal weniger zu Tränen, wenn wir sie schneiden.

Denn genau in dem Moment, in dem die Zwiebel ange-schnitten wird und Zellen zerstört werden, produziert sie einen Reizstoff – der langsam senkrecht aufsteigt. Mit einem scharfen Messer werden weniger Zellen zerstört. Und wer dazu noch im Sitzen Zwiebeln schneidet, kommt meistens ohne Tränen davon. Aber wenn die Dämpfe direkt ins Auge steigen, produziert das Auge sofort Tränenflüssigkeit, um den Reizstoff aus dem Auge zu spülen.

Spaghettieis ist unitalienisch

Rund 4000 Eisdielen gibt es allein in Deutschland. Fast alle haben einen Spaghettieisbecher im Angebot – diese Erfindung kommt aber nicht aus einem Dorf in den Dolomiten, sondern erstaunlicherweise aus Mannheim.

Ende der Sechzigerjahre in den italienischen Bergen

Dario Fontanella ist gerade 18 Jahre alt. Er ist der Sohn einer Eismacherfamilie, die schon lange in Deutschland lebt. Er macht Skiurlaub und gönnt sich beim Essen etwas ganz Besonderes. Maroni Vermicelli – also Esskastanien, die durch ein Nudelsieb gepresst wurden.

Er kommt ins Grübeln:

„Was die hier mit Maroni machen, könnten wir doch auch mit Eis probieren.“

1969 in Mannheim

Zurück in der Eisdiele seiner Eltern stellt er sich mit seinem Vater in die Eisküche und will etwas ausprobieren. Er hantiert mit Vanilleeis und der Spätzlepresse. Die ersten Versuche gehen in die Hose.

Unappetitlich zurechtgespritztes Eis haut die beiden nicht vom Hocker. Irgendwann bekommen sie es hin. Damit das Eis aussieht wie ein großer Spaghettiberg, wenden sie noch einen Trick an: Sie füllen Sahne in die Schale. Dann erst quetschen sie langsam das Eis durch die Nudelform darüber.

„Fehlt nur noch etwas, was aussieht, wie Bolognese oder Tomatensoße.“

Sie probieren es mit zerkleinerten Himbeeren. Kein schöner Anblick.

In diesem Moment ist ein Mitarbeiter gerade damit beschäftigt, Erdbeereis herzustellen und püriert Erdbeeren. Mit dieser Mischung aus Sahne, spaghettiförmigem Eis und Erdbeerpüree sieht alles fast gut aus. – Als Darios Vater dann plötzlich noch mit einem Tütchen Kokosraspeln zurück vom Einkaufen kommt, ist alles perfekt. Das erste Spaghettieis! Eine Erfindung, die er als Patent anmelden könnte.

„800 Mark Patentgebühren? Nein, nein viel zu teuer. Das lohnt sich niemals ..."

An seiner Erfindung verdient Dario also keinen einzigen Cent.

Heute

Spaghettieis ist weltberühmt. Kaum ein Eiscafé in Deutschland, das kein Spaghettieis auf der Karte hat. In Amerika wird im HomeShopping-Kanal sogar für einen Spaghettieismacher geworben. Und das alles, weil Dario Fontanella aus Mannheim eine findige Idee hatte.

Warum es einen Serviervorschlag gibt

Selten ist etwas auch in Wirklichkeit so hübsch, wie es auf der Verpackung abgebildet ist. Daran haben wir uns gewöhnt. Aber warum müssen schöne Lebensmittelbilder mit dem Hinweis „Serviervorschlag" versehen sein?

Es soll Appetit machen, bevor wir es kaufen
Manchmal wirken Fotos auf Verpackungen absurd.

> *„Sie sehen hier: Tomatensuppe im Teller und ein liebevoll drapiertes Basilikumblättchen."*

Sieht lecker aus – aber wozu jetzt noch der Hinweis, dass es sich um einen Serviervorschlag handelt? Jedem dürfte klar sein, dass sich in der Suppendose kein Teller befindet, sondern lediglich rote Suppe. Der Zusatz „Serviervorschlag" ist eine juristische Schutzbehauptung der Hersteller. Wir Kunden reißen schließlich nicht in die Tiefkühlpackung auf, um uns den unansehnlichen Klotz Pizza, Eis oder Rotkohl vorher anzuschauen, sondern wir entscheiden uns oft aufgrund der Abbildung auf der Verpackung.

Im Land der Vorschriften und Regeln
Der Zusatz „Serviervorschlag" bedeutet so etwas wie:

> *„Lieber Kunde, wir zeigen dir hier auf der Packung, was unsere Fooddesigner in der Lage sind zu zaubern. Bitte sei nicht traurig und verklage uns nicht, wenn du nur einen viel hässlicheren Batzen in der Verpackung findest."*

Außerdem befinden sich nicht alle auf dem Präsentationsbild sichtbaren Teile, wie Dekor und Garnierung, in der Packung. Hersteller wollen sich schützen, denn laut Lebensmittelgesetzbuch darf kein Produkt mit täuschenden oder irreführenden Abbildungen verkauft werden.

Die Einladung zum Noch-mehr-davon-Kaufen

Einen anderen Vorteil haben manche Serviervorschläge auch noch: Ein Eiscremehersteller fügt zum Vanilleeis gleich noch die Waffel aus dem eigenen Haus dazu oder ein Reishersteller die passende Sauce von derselben Firma. Der Serviervorschlag als Werbung in eigener Sache.

Ist Leitungswasser besser als Mineralwasser?

Wasser ist Wasser ist Wasser. Oder etwa nicht?
Warum gibt es in Deutschland 500 Sorten Wasser
in Flaschen, und was ist da wirklich drin?

Das Geheimnis des Trinkwassers

Praktischerweise gehört Deutschland zu den Ländern, in den
jeder zu jeder Zeit Wasser aus dem Hahn trinken kann. Denn
Leitungswasser ist das Lebensmittel, das am besten kontrolliert wird. Es kommt aus Quellen, Talsperren oder tiefen
Grundwasserschichten oder ist eine Mischung aus allem. Bei
den Stadtwerken jeder Stadt kann man nachfragen, wo das
Wasser genau herkommt. Manche Orte in der Eifel oder im
Schwarzwald werden mit reinem, weichem Quellwasser ver-
sorgt.

Verrückt nach Mineralwasser

130 Liter Mineralwasser trinkt im Durchschnitt jeder Deutsche pro Jahr. Es ist damit – nach Kaffee – das beliebteste
Getränk. Aber es ist im Vergleich zum Wasser aus dem Hahn
100 bis 1000 Mal so teuer. Aus dem Hahn fließen für einen
einzigen Cent fünf Liter Trinkwasser, fünf Liter Mineralwasser gibt es im günstigsten Fall für einen Euro.

Gründe, warum wir für Wasser in Flaschen das Hundert-
oder Tausendfache ausgeben, gibt es viele: Das Vertrauen für
abgefülltes Wasser ist groß, für Mineralwasser wird offensiv
geworben – für Trinkwasser nicht. Und dann sind da ja noch
die Mineralien, die darin enthalten sind.

Den Mineralien auf der Spur

Mineralwasser enthält im Gegensatz zu Leitungswasser zusätzlich verschiedene Nährstoffe und Mineralien, wie Kalzium oder Magnesium. Ernährungsexperten sagen aber, dass wir diese Stoffe sowieso aufnehmen – durch Obst, Gemüse, Milch und Brot. Wer aber trotzdem Fan von Mineralwasser aus Flaschen ist, sollte zumindest genau aufs Etikett schauen. Echtes Mineralwasser stammt aus tiefen Wasserschichten in der Erde und wird direkt am Ursprungsort abgefüllt. Sogenanntes Heilwasser enthält von Natur aus noch einige Mineralien und Spurenelemente zusätzlich. Tafelwasser hingegen ist ein industriell gefertigtes Mischwasser mit verschiedenen Zusätzen, und das ist niemals besser als das aus dem Hahn.

Sprudelwasser

Cocktails wurden in der Karibik erfunden. Bier hatten schon die alten Ägypter.
Aber wer kam auf die irre Idee, Wasser in Sprudel zu verwandeln und mit Kohlensäure zu versetzen?

Hunderte Meter unter der Erde

Hier sitzt der Erfinder von Wasser mit Kohlensäure. Ein Vulkan, zum Beispiel in der Vulkaneifel. Während er in der Tiefe aktiv ist, entstehen ungeheure Mengen CO_2, also Kohlendioxid. Nach und nach pressen sie sich in die darüber liegenden Erdschichten. Einige davon führen Wasser, das sogenannte Tiefenwasser. Auf diese Weise wird das Wasser ganz natürlich mit CO_2 versetzt, das unter dem enormen Druck zu Kohlensäure wird. Mineralwasser, das aus solchen Schichten gewonnen wird, sprudelt schon von Natur aus, ohne dass irgendjemand etwas dazu getan hat. Aber das gilt nicht für alle Mineralwässer.

So sprudelt es nachträglich

Deutschland ist ein ausgesprochenes Sprudelland, denn in anderen Ländern wie Frankreich, Spanien oder den USA wird stilles Wasser bevorzugt. Viele deutsche Mineralwässer sind stille Wässer, die erst vom Hersteller in Sprudelwasser verwandelt werden. Mit Kohlendioxid – denn das bildet unter großem Druck, zusammen mit Wasser, Kohlensäure. Die Düse der Gasflasche wird deshalb direkt auf die Flasche aufgesetzt, sodass nichts entweichen kann – nach diesem Prinzip funktionieren auch die Sodageräte zuhause, die Leitungswasser in Sprudel verwandeln. Wir könnten das auch mit Atemluft und einem Strohhalm machen, aber der Druck würde nicht ausreichen, um tatsächlich Kohlensäure zu bilden.

Kohlensäure auf der Flucht

Kohlensäure bleibt nur unter Druck im Wasser bestehen. Sobald der Druck nachlässt, flüchtet die Kohlensäure. Sie wird wieder zu CO_2 und wandert in kleinen Bläschen aus der Flasche. Wer also diese Hochzeit aus CO_2 und Wasser auflösen will, schüttelt einfach die Sprudelflasche und schon verwandelt sich die Kohlensäure in CO_2-Perlen, die aus dem Wasser abhauen.

Die Welt ohne Wasser

Solange aus den Ozeanen Wasser verdunstet, wird es regnen und so auch Trinkwasser geben. Aber wie würde sich tatsächlich die Welt verändern, wenn es von einem Moment auf den anderen kein trinkbares Wasser mehr geben würde?

Ein paar Stunden ohne Wasser

Die Stimmung würde schon morgens kippen. Keine Toilettenspülung. Aus der Dusche läuft ... nichts. Zähneputzen? Ja, aber nur trocken – ohne auszuspülen. Ein frischer Kaffee? Ja, aber nur als Pulver.

Die Produktion von Lebensmitteln muss eingestellt werden. Lebensmittelfabriken, die Fertigpizza, Dosensuppen, Schokolade oder sonst irgendetwas Essbares herstellen, müssen die Produktion stoppen, weil die wichtigste Zutat fehlt. Nach und nach stellen auch andere Industriezweige ihre Produktion ein, da fast überall Wasser benötigt wird.

Zwei Tage ohne Wasser

Der Strom wird knapp. Kohle- und Kernkraftwerke können nicht gekühlt werden. Die Wasserkraftwerke stehen still. Die Lebensmittel werden ebenfalls knapp. Hühner liefern keine Eier, Kühe keine Milch. Obst und Gemüse fangen an zu trocknen.

Zwei Wochen ohne Wasser

Kein Mensch lebt mehr, denn ohne Wasser oder wasserhaltige Lebensmittel verdursten wir Menschen spätestens nach einer Woche. Die meisten unserer Haustiere leben ebenfalls nicht mehr. Einige Tiere sind robuster: Kamele. Ihre Körper können extrem gut mit Wasser haushalten. Unter anderem, weil deren Kot staubtrocken ist und sie darüber kaum Wasser verlieren.

Zwei Monate ohne Wasser

Es ist ruhig auf der Erde. Guter Dinge sind jetzt nur noch einige Kakerlakenarten. Höchstens aber noch für ein paar Tage, bevor auch für sie Schluss ist. Wo Seen und Flüsse waren, sind nur noch aufgerissene dürre Äcker. Im Wald sind alle Blätter braun – auch die letzten Nadelbäume werfen die Brocken hin und die Nadeln ab.

Zwei Jahre ohne Wasser

Die Erde ist ein staubiger Planet. Einige Gebäude und Brücken sind inzwischen eingestürzt. Die Hitze ist unerträglich. Aber hier wohnt auch niemand mehr, den das stören würde.

Warum die E-Mail
eigentlich schon in der
Renaissance erfunden
wurde und Caesar als der
Vater der Kryptografie gilt

TECHNIK & ERFINDUNGEN

Warum eigentlich DIN A4 ?

Praktischerweise schreiben wir alle auf Papier, das dieselbe Größe hat. Aber warum eigentlich? Das Geheimnis von DIN A4.

1911 in München

Wilhelm Ostwald hat den Nobelpreis für Chemie in der Tasche und will sich einer Angelegenheit widmen, die ihm schon lange am Herzen liegt.

> *„Weltsprachen – haben wir schon. Weltwährung? Dafür ist es vielleicht noch zu früh. Aber was wir brauchen, ist ein Weltformat!"*

Das Geld seines Nobelpreises steckt er in ein Institut, in dem er die Entwicklung eines einheitlichen Papierformates vorantreiben will. Zwar hat er ein paar gute Ideen, wie die Seitenverhältnisse eines Weltformates sein müssten, aber das Geld ist zu schnell aufgebraucht, und das Institut muss wieder dichtmachen.

Ein paar Jahre später

Der Ingenieur Dr. Walter Porstmann, der jahrelang Assistent des Nobelpreisträgers war, rauft sich fast die Haare.

> *„Es ist zum Verrücktwerden."*

Nur hat er zu diesem Zeitpunkt gar keine Haare mehr. Sauer ist er trotzdem. Briefe, Formulare, Zettel – alles hat immer noch unterschiedliche Größen. Und wenn man so ein ordentlicher Mensch wie Porstmann ist, der gerne Dinge in Ordnern verstaut, gibt es nur Kraut und Rüben.

„Hier steht es über, da ist es zu klein, alle Dokumente verknickt!"

Er schnitt und knickte – so wie viele andere Menschen auch – an den Rändern herum. Hauptsache, es passte irgendwie in den Hefter oder in den Umschlag. Ein unhaltbarer Zustand – vor allem für Porstmann.

„Schade um die abgeschnittenen Ränder – das ist doch Papierverschwendung – und dafür mussten Bäume sterben!"

1922 in Berlin
Das frisch gegründete Institut für Normung und viele Maschinenbaubetriebe wollen sich nicht länger mit verschiedenen Formaten herumärgern. Sie haben einen fast verzweifelten Wunsch:

„Gesucht! Einheitsgröße für Papier!"

Ingenieur Porstmann wittert seine Chance und überlegt, rechnet und schnippelt. Dann das Ergebnis: ein riesiger Bogen Papier, der exakt ein Quadratmeter groß ist.

Der Clou: kein Quadrat, sondern ein Rechteck. Das Seitenverhältnis: 1 zu Wurzel aus 2. Und das war der Knaller: Wenn man Porstmanns Bogen in der Mitte halbiert, bleibt das Seitenverhältnis gleich. Egal wie oft. Und wenn man den großen Quadratmeterbogen genau viermal faltet – kommt etwas heraus, das 21 mal 29,7 Zentimeter misst: DIN A4.

Sicheres Geldabheben

Warum spucken Automaten überall auf der Welt
Geld aus, wenn sich ein Plastikkärtchen mit einer
vierstelligen Nummer kreuzt? Das Geheimnis
des sicheren Geldabhebens.

An einem x-beliebigen Ort in Deutschland

Worms. Eine junge Frau namens Julia geht zum Geldautoma-
ten ihrer Hausbank, um sich Bargeld zu besorgen. Zufällig zur
gleichen Zeit macht ihr Bruder Robert das auch, aber über
6 000 Kilometer entfernt.

New York

Hier macht Robert gerade Urlaub, freut sich auf ein Shopping-
abenteuer und kommt an einem der vielen New Yorker Geld-
automaten vorbei. Auch er ist Kunde der regionalen Bank in
Worms. Beide tippen ihre vierstellige Geheimzahl, also ihre
persönliche Identifikationsnummer, kurz PIN, ein. Genau in
diesem Moment laufen die Daten in einen Großrechner.

Rheinstetten, zehn Kilometer außerhalb von Karlsruhe

Zwischen einem kleinen Segelflugplatz und einer Bundes-
straße befindet sich ein graues Industriegebäude mit auffal-
lend hohen Sicherheitszäunen. Recht nüchtern. Noch nicht
einmal ein Firmenname steht am Haus. Es ist eines der
modernsten Bankrechenzentren Europas. Ringsherum ist ein
Schutzwall aufgeschüttet, damit kein Fahrzeug reinrasen
kann. Fast niemand darf dieses Gebäude betreten. Und wer es
doch tun will, braucht einen mehrfach codierten Ausweis und
muss sich die Iris der Augen scannen lassen.

Zwei voneinander unabhängige Stromversorger speisen diese Computerfestung mit Energie. Falls es trotzdem zu einem absolut unwahrscheinlichen Stromausfall dieser beiden Zuleitungen kommt, springen Notstromaggregate an. Zehn Sekunden später würden Dieselmotoren laufen und weiter ununterbrochen Strom produzieren.

Alles, damit diese Hochleistungsrechner niemals ausgehen. Und trotzdem passierte im Januar 2008 beim großen Stromausfall von Karlsruhe genau jener unwahrscheinliche Fall, dass beide Stromzuleitungen stockten. Doch alle Notsysteme funktionierten. Nicht eine einzige Millisekunde hat einer der 1500 Server gezuckt.

Als wäre das nicht sicher genug, werden alle Daten, die hier auflaufen, synchron gespiegelt, in einem zweiten Rechenzentrum, das krisensichere zehn Kilometer weit entfernt liegt.

Das Haus ist so konstruiert, dass sich ein Haustechniker, der sich um Klimaanlage, Heizung, Löschanlage kümmert, niemals auf dem Flur einen IT-Techniker treffen würde. Sie benutzen unterschiedliche Räume und Flure.

Acht Milliarden Buchungsanfragen laufen jedes Jahr hier ein. In jeder Sekunde empfangen die Rechner über 2000 Buchungsanfragen. Zwei davon sind die von Julia und Robert in Worms und New York. Erst wenn diese Server in Rheinstetten grünes Licht geben und die Zahlungsvorgänge einbuchen, öffnet sich sowohl in Worms als auch in New York die Klappe. Und das Geld kommt raus: 200 Euro in Worms. 200 Dollar in New York. Nur wenige Sekunden nach der Eingabe der PIN, die die schnellste und sicherste Reise um die Welt hinter sich hat.

Passwörter und Verschlüsselung

Online-Shop, Geldautomat oder Kreditkarte. Nichts passiert ohne Geheimzahlen und Passwörter. Aber Verschlüsselungen sind uralt und sogar Tiere nutzen bestimmte Codewörter.

50 vor Christi in Rom

Feldherr Gaius Julius Caesar ist mal wieder unruhig. Seinem Brieffreund Cicero muss er dringend wichtige Nachrichten übermitteln. Ohne dass es jemand liest. Er denkt sich eine Geheimschrift aus und verschiebt dazu die Buchstaben im Alphabet um drei Stellen.

„Salve Cicero. Hmm. Aus einem A mach ich ein D! Und ein M ist ein P!"

Das Wort Caesar wird dann zu einem unlesbarem: FDHXDV Er ist sicher nicht der erste, der einen Verschlüsselungscode benutzt, um Botschaften geheim zu halten. Aber seine Methode wird immer noch Caesar-Verschlüsselung genannt.

Vom Mittelalter bis heute

Verschlüsselungen und Geheimwörter spielen über Jahrhunderte eine wichtige Rolle. Vor allem beim Militär – wer nachts im Dunkeln Zugang zu einer Festung wollte, brauchte ein Passwort oder eine Parole.

„Hey – das Rohr neigt zum Biegen." – „Hä?"
„Die glorreichen Sieben!" – „Rein mit dem Mann."

Auch heute öffnen Passwörter Türen – vor allem im Internet. Jemand, der das Passwort ausplaudert, ist gar nicht nötig.

Denn Hacker brauchen nur Sekunden, um eine Milliarde Möglichkeiten durchzuprobieren. Jedes beliebige siebenstellige Passwort aus Buchstaben und Zahlen ist innerhalb einer Minute geknackt.

November 2012 im Süden Australiens
Eine Sensationsentdeckung bei den Vogelforschern an der Universität Adelaide. Sogar bestimmte Spatzenarten nutzen Passwörter. Die Vogelmütter zwitschern wochenlang ihre Eier in einer bestimmten Tonlage an – sind die Küken geschlüpft, zwitschern sie in exakt der Tonlage ihrer Mutter. Nur dann bekommen sie Futter. Hat sich ein fremdes Küken ins Nest gemogelt, zwitschert es falsch und geht leer aus. Kein Passwort – kein Futter!

Schneekanone

Schnee fällt im besten Fall einfach aus den Wolken. Aber in Skigebieten auch oft aus der Maschine. Das Wunder der Schneekanone.

Kanada, in den 1940er Jahren

In einem Kältelabor in Kanada bekommt Dr. Ray Ringer den Auftrag, an einer großen Flugzeugturbine herumzuexperimentieren.

Forscher: „Ray, finden Sie heraus, ob es gefährlich werden kann, wenn sich an unseren Triebwerken Eis bildet ...“

Ringer: „Okay – ich mach mich an die Arbeit.“

Dr. Ringer tüftelt und probiert. Aber es war zum Haare raufen. Ringer kriegte einfach kein Eis hin. Dafür war ständig alles voller Schnee.

Ringer: „Schippt diese Haufen Schnee weg, wir müssen weiter machen – ich werd noch wahnsinnig!“

Irgendwann kritzelte er müde in seinen erfolglosen Untersuchungsbericht: „Keine simulierte Eisbildung im Triebwerk möglich – statt dessen Berge von Schnee.“
Er gab auf.

Zwanzig Jahre später

Der deutsche Ingenieur Fritz Jakob reist nach Amerika, um für seine Kältetechnikfirma zu forschen. Nicht auszuschließen, dass ihm bei dieser Reise die Aufzeichnungen eines gewissen Dr. Ringer in die Hände fallen.

„Hmm ... interessant!"

Ihn interessierte das Abfallprodukt Schnee aus Dr. Ringers erfolgloser Testreihe. Jakob fliegt zurück nach Deutschland. Tagelang verbringt er auf seinem kleinen Testhügel am Ammersee. Immer wieder steht er klatschnass da – weil es einfach nicht funktioniert.

„Schnee soll das werden, kein Regen ..."

Hundert Versuche später

Irgendwann klappt es. Bei trockener Luft und viel Druck. Es schneit aus der Turbine. Sofort meldet er ein Patent an – und dieses macht nicht nur seine Firma reich, sondern bringt ihm auch noch einen Spitznamen ein: Herr Holle.

Wie funktioniert eine Eisbahn?

Auch das Eis einer künstlichen Eisbahn ist nur aus gefrorenem Wasser – aber es ist tatsächlich eine Kunst, dass so eine Schlittschuhfläche funktioniert.

1876 in London
Im Ortsteil Chelsea entsteht die erste künstliche Eislaufbahn. Dr. John Gamgee hat ein verwinkeltes und gebogenes Rohrsystem gebaut. Durch diese Kupferrohrschlingen wird Glycerin gepumpt. Das wiederum wird in einer Kältemaschine runtergekühlt, die hochgiftiges und lebensgefährliches Schwefeldioxid enthält. Aber es funktioniert – solange alles dicht bleibt.

Das Geheimnis der Eislaufbahn
Eine Eislaufbahn ist wie ein gutes Tiramisu. Auf verschiedene Schichten kommt es an. Eine typische mobile Eisbahn, so wie sie im Winter in vielen Innenstädten liegt, besteht erst mal aus einer dicken Isolierschicht. Darüber wird eine Matte aus Kunststoffschläuchen ausgerollt – wie ein Teppich. Diese Schlingen sind so dick wie ein Daumen – durch sie strömt die Kühlflüssigkeit, die meistens von einem brummenden Gerät gekühlt wird, das etwas abseits steht. Jetzt wird in stundenlanger Arbeit Schicht für Schicht Wasser aufgesprüht.

Es gibt auch andere Systeme. Das sind ausklappbare hohle Aluminiumblöcke, durch die die Kühlflüssigkeit direkt fließt. Darauf kommt eine Folienwanne, die mit Wasser geflutet wird, das dann gefriert.

Im Prinzip kann sich jeder solche Eisbahnen mieten. Für den Garten oder den Hof: kostet eiskalte 25 000 Euro – pro Monat.

Warum ist das Eis überhaupt so glatt?

Irgendwann ist die schönste Eisbahn zerfurcht – von Kratz-, Brems- und Pirouettenmanövern. Dann kommt die Eisaufbereitungsmaschine ins Spiel. Sieht aus wie ein Aufsitzrasenmäher und hobelt mit einer Klinge die Bahn ab – am Ende der Maschine verteilt eine Gummilippe warmes Wasser, das versiegelt alle Furchen und friert zu einer neuen Eisfläche. Der Grund, warum wir auf Eis überhaupt rutschen, ist, dass auf dem Eis – auch bei Frost – ein winziger Wasserfilm ist. Ein paar Nanometer dünn, also nur mit dem Elektronenrastermikroskop zu erkennen.

Elektroautos sind schon uralt

Motorenantrieb mit elektrischem Strom statt mit Benzin. Das klingt nach Zukunft, ist aber ein alter Hut. Elektroautos fuhren schon, bevor der erste Benzinmotor geknattert hat.

1881 – auf der Elektrizitätsmesse in Paris

Der französische Erfinder Gustave Trouvé bringt eine Art Kutsche aufs Messegelände. Sie hat drei Räder und zwei Motoren. Außerdem liegen unter der Sitzfläche sechs klobige Bleibatterien – sie lassen sich wieder aufladen. Eine Sensation.

„Meine Damen und Herren! Diese Kutsche fährt – ohne Pferd!"

Erst fünf Jahre später baut ein Deutscher namens Carl Benz eine ähnliche Kutsche, allerdings mit einem Benzin-Verbrennungsmotor.

1899 – auf einer Rennstrecke bei Paris

Inzwischen werden hunderte kutschenähnliche Elektroautos hergestellt. Da kommt der belgische Ingenieur Camille Jenatzy um die Ecke. Sein Elektromobil sieht aus wie eine Zigarre, wie ein Zäpfchen. Weil er ein ehrgeiziger Typ ist, gibt er seinem Auto einen Namen.

„Ich nenne dich Jamais Contente, mein Baby."

Das bedeutet: niemals zufrieden. Am 29. April 1899 rast er mit diesem Elektroauto über die Rennstrecke bei Paris. 105 km/h. Er ist der erste Autofahrer überhaupt, der die 100 km/h-Marke durchbricht.

Ein Jahr später, 1900, in den USA

Elektroautos boomen. Sie stinken nicht. Sie machen keinen Krach. Auf den Straßen von New York fahren fast nur elektrische Taxis. Um 1900 werden in den USA rund 1 600 Elektroautos hergestellt und nur halb so viele Fahrzeuge mit Benzinmotor. Doch dann kommt der amerikanische Ingenieur Charles Kettering und erfindet den elektrischen Anlasser. Von da an muss kein Benzinauto mehr mühsam angekurbelt werden. Außerdem ist das Benzin extrem billig und die Reichweite viel größer als die von Batterien. Damit ist das vorläufige Ende der Elektroautos besiegelt.

Ordnung im Chaos: die Verkehrsampel

2000 stehen in Berlin. 1000 in Köln. Und jeweils
800 in Stuttgart und Frankfurt. Die elektrische
Ampel ist das wohl bekannteste Verkehrszeichen
der Welt.

1868 in London

Auf der Straßenkreuzung am Big Ben ist der Teufel los. Über
die rumpeligen Straßen bahnt sich jeder seinen Weg: Fußgän-
ger, Radfahrer, Schubkarren, Bollerwagen, Pferdegespanne
und Kutschen, so groß wie Busse. Ständig kracht es – und
Polizisten mitten auf der Straße sind damit beschäftigt a) das
Chaos durch Armzeichen zu bändigen und b) zu überleben,
ohne überfahren zu werden.

Der Chef eines Eisenbahnunternehmens hat eine Idee:
Ähnlich wie an den Schienen sollen ab sofort hier große
leuchtende Gaslampen Signale geben und Vorfahrt gewähren.
Das klappt. Doch für die Polizisten droht neue Gefahr. Die
Gaslampen der Anlage explodieren viel zu oft. Als sich ein
Polizist dabei das Gesicht verbrennt, ist Schluss mit dieser Art
Ampel. Alles bleibt beim Alten – die nächsten fünfzig Jahre.

5. August 1914 in Cleveland in den USA

Es ist wie in jeder Industriestadt, die zu dieser Zeit so richtig
brummt. Das übliche Verkehrschaos auf Beinen, Hufen oder
Rädern. Mitten auf den Kreuzungen stehen Polizisten und
regeln mit Armzeichen, wer wann Vorfahrt hat. Nur nicht an
der Kreuzung der Euclid Avenue. Hier sitzt der Polizist entspannt am Straßenrand und betätigt Schalter. Damit knipst er
Glühlampen an einem besonderen Laternenmast an und wie-

der aus. Es ist die erste elektrische Lichtzeichenanlage der Welt – in jede Straßenrichtung leuchtet es so entweder Rot oder Grün.

Zehn Jahre später, 1924, am Potsdamer Platz in Berlin

Die elektrische Straßenampel ist weltweit ein großer Erfolg: Weniger Unfälle, die Zahl der überfahrenen Polizisten wird kleiner. Und Kollateralschäden durch explodierende Gaslampen sind ausgeschlossen. Am Potsdamer Platz in Berlin steht zu diesem Zeitpunkt Europas meistbeschäftigter Verkehrspolizist: Mit einer Trompete verschafft er sich im Straßenchaos Gehör. Ein letztes Mal. Denn er wird ersetzt, durch ein Türmchen, das aussieht wie eine Mischung aus Litfaßsäule und Getreidesilo. An diesem Turm regeln elektrische Lampen den Verkehr: in Rot, Gelb und Grün.

Penicillin

Gegen Infektionskrankheiten wie Lungenentzündungen oder Blutvergiftungen kämpfen
Kranke jahrhundertelang vergeblich. Nur durch
einen Zufall entdeckt jemand ein Mittel dagegen:
Penicillin.

Mitte des 19. Jahrhunderts in Europa
Wieder einmal hat sich die Pest ausgebreitet und rafft im
Laufe weniger Jahre hunderttausende Menschen in ganz
Europa hin. Seit dem Mittelalter schlagen regelmäßig Pest,
Cholera und Tuberkulose zu. Das einzige Mittel ist leider bit-
terer Galgenhumor, mit dem sich die Leute in schlimmsten
Pestzeiten aufmuntern.

„Oh du lieber Augustin, alles ist hin."

Lieder wie dieses vom Augustin sollen zum Durchhalten moti-
vieren – auch wenn nichts mehr zu helfen scheint. Ein anderes Mittel ist nicht in Sicht – aber: 1894, nach 500 Jahren
Pest, wird immerhin das Bakterium, das die Pest auslöst, entdeckt.

3. September 1928 in London
Die Frau des Bakterienforschers Alexander Fleming schlägt
die Hände über dem Kopf zusammen.

*„Wie das hier aussieht? Du hast schon wieder deine
Petrischalen vergessen – wochenlang schimmeln die
schon hier vor sich hin!"*

In der Tat. Fleming hatte einige Bakterienkulturen angesetzt, sie dann aber vergessen, sodass inzwischen ein dicker grüner Schimmelrasen gewachsen ist.

„Merkwürdig. Rund um diesen Schimmelfleck sind alle Bakterien verschwunden."

Mit diesem Schimmelpilz namens Penicillium lassen sich tatsächlich gezielt Bakterien töten. Jahre später, als im Zweiten Weltkrieg britische Soldaten vor Lungenentzündungen oder Tripper geschützt werden sollen, gibt man ihnen Penicillin. Schnell wird daraus ein Massenmedikament, das von da an als Wundermittel gegen Infektions-Krankheiten gilt.

Heute

Das Antibiotikum Penicillin wirkt immer noch erfolgreich gegen bakterielle Infektionen. Aber durch den häufigen Einsatz auch in der Tierzucht sind viele Bakterien abgehärtet. Und für renommierte Mediziner ist es eine Frage der Zeit, dass bestimmte Bakterien sich irgendwann von Penicillin nicht mehr verjagen lassen.

Die unglaubliche Tetris-Story

Es ist knifflig. Es ist unendlich. Und es zieht Millionen Computer- und Handynutzer in seinen Bann. Warum wir von Tetris auch nach vielen Jahrzehnten einfach nicht die Finger lassen können.

1984 in Moskau

Der Programmierer Alexey Paschitnow ist begeistert von einem Brettspiel, das er sich gekauft hat. Pentomino. Eine rechteckige Fläche wird dabei mit bunten Spielsteinen gefüllt – möglichst ohne Lücken dazwischen. Er entwickelt ein Computerspiel daraus für den sowjetischen Rechner Elektronika 60. Die Spielsteine, geformt wie ein I, L, T, U oder Plus purzeln von der Decke. Schwarz-weiß und ohne Sound. Sie bestehen jeweils aus vier quadratischen Blöcken. In Anlehnung an die griechische Vorsilbe für „Vier", Tetra, heißt das Spiel ab sofort Tetris.

1988 in Las Vegas

Ein niederländischer Computerspiel-Entwickler entdeckt auf der berühmten CES Entwickler- und Verkaufsmesse in Las Vegas das Tetris-Spiel. Er freundet sich mit dem russischen Tetris-Erfinder Paschitnow an und bekommt die Lizenz, das Spiel Tetris für Spielekonsolen zu verkaufen. Tetris bekommt eine Musik. Grundlage dafür ist der russische Tanz – Korobeiniki, der immer schneller wird. Die tragbare Spielekonsole Gameboy wird auch deshalb zum Millionenerfolg, weil am Anfang das süchtigmachende Puzzlespiel Tetris immer kostenlos mitgeliefert wird.

Heute auf der ganzen Welt

Kaum ein Smartphone, kaum eine Konsole, kaum ein Rechner, auf dem nicht Tetris oder ein ähnliches Spiel läuft. Insgesamt mehrere hundert Millionen Mal. Es ist das populärste und auch am meisten nachgemachte Computerspiel der Welt. Aber trotz allem: Das alte, ursprüngliche Brettspiel Pentomino – gibt es immer noch zu kaufen.

Das @-Zeichen

Klammeraffe oder „Ad": Ohne dieses Zeichen würde
keine einzige E-Mail seinen Empfänger erreichen –
aber warum haben manche Menschen dieses
„Ad"-Zeichen schon im Mittelalter gekannt?

1536 in Italien

In der italienischen Stadt Florenz versuchen fleißige und win-
dige Händler ihr Geschäft zu machen.

*„Si, si grazie – ein besseres Angebot werden Sie wohl
nicht finden. Fünf Flaschen Wein, jede nur zwei
Kreuzer ..."*

Kaufleute kritzeln Waren und die dazugehörigen Preise auf
ihr Papier. Seit je her verwenden Kaufmänner dafür das latei-
nische Wort „ad", was so viel wie „zu" bedeutet.

*Mann kritzelt und murmelt: „Drei Laibe Brot zu einem
Preis von einem Kreuzer."*

Die beiden kleingeschriebenen Buchstaben A und D rutschen
mit der Zeit und in der Eile immer mehr ineinander. Sie ver-
schmelzen zu einem umkringelten A. Der Beweis existiert
noch heute. In einem gut erhaltenen Brief des italienischen
Geschäftsmannes Francesco Lapi von 1536, der darin das
@-Zeichen benutzte.

1971 in Massachusetts, USA

Ein Mann namens Ray Tomlinson arbeitet als Computertechniker bei einer Firma in Massachusetts in den USA. Er
bekommt plötzlich Auftrag für etwas, was es noch nie gab:

„Mr. Tomlinson, versuchen Sie mal, mehrere Computer miteinander zu verbinden. Bauen Sie uns ein Netzwerk."

Tomlinson gelingt es tatsächlich. Aber um zu prüfen, ob das geklappt hat, verschickt er Zahlen und Buchstabenreihen. Von einem Rechner zum anderen. Die allererste E-Mail der Welt! Dafür braucht er allerdings eine Art Befehl, in der sowohl der Adressat als auch der jeweilige Computer vermerkt sind. Er sucht nach einem Zeichen, dass eindeutig Adressat und Computer trennt. Das kann nur mit einem Zeichen funktionieren, das weder eine Ziffer noch ein Buchstabe ist. Er hätte die Raute nehmen können oder den Stern. Aber: Er wählte das @. Das kannten Kaufleute schon von ihrer Schreibmaschine und außerdem passte es auch vom Sinn her.

Tomlinson: „Adressat1 ‚zu' Computer2"

Heute
Seitdem ist das @ Bestandteil jeder funktionierenden E-Mail-Adresse und ein Symbol für das Computer- und Internetzeitalter. Nur einen weltweit eindeutigen Namen dafür gibt es nicht. Die Griechen sagen „papaki" ein kleines Entchen, die Niederländer „apenstaartje" Affenschwänzchen, die Italiener „chiocciola", also Schnecke.

E-Mail und Internet

In einem Wimpernschlag um die Welt. Per Internet und E-Mail. Doch die ersten Versuche waren mehr als mühsam.

1969 Kalifornische Universität Los Angeles – UCLA
Nur drei winzige Buchstaben sind es, die Professor Kleinrock und sein studentischer Assistent vor Augen haben.

„L ... O ... G"

Log, also Meldung. Sie haben ihren Forschungsrechner mit einem anderen verbunden, der 600 Kilometer entfernt steht, in der Nähe von San Francisco. Dort staunen die Wissenschaftler nicht schlecht, als plötzlich Buchstaben auf ihrem Bildschirm ankommen.

„L ... O ..."

Zwei Buchstaben kommen durch. Danach bricht die Leitung zusammen.

1990 Im Kernforschungszentrum CERN in Genf
Einfache Mitteilungen über Computer – das funktioniert inzwischen einwandfrei. Im Kernforschungszentrum in Genf hat man aber ein ganz anderes Problem: Einige Labore sind auf französischem Gebiet, andere auf schweizerischem. Unterschiedliche Technik, unterschiedliche Netzwerke – Zugriff auf Informationen unmöglich. Diese Hürde will der Informatiker Tim Berners-Lee nehmen.

„Hier in der Schweiz hab ich die Ergebnisse – und die drüben in Frankreich können sofort drauf zugreifen."

Er erfindet ein über die Grenzen hinaus funktionierendes Netzwerk. Was für eine Erfindung! Er nennt sie: World Wide Web www.

Heute

Die Gegend, in der vor vierzig Jahren die ersten beiden abgebrochenen E-Mail-Buchstaben ankamen, heißt heute: Silicon Valley. Was hier entsteht und mit dem Internet zu tun hat, wird meistens riesig. Ein Studentenwohnheimprojekt namens Google. Oder ein Musikspieler, der übers Internet mit mp3-Dateien gefüttert wird, namens iPod. Oder eine Videoplattform namens Youtube, über die inzwischen pro Tag eine Milliarde Videos abgerufen werden. Das alles nur, weil es 1969 einigen Wissenschaftlern gelungen ist, zwei Computer zu verbinden und die zwei ersten Buchstaben des Wörtchens LOG zu übertragen, bevor die Leitung zusammenbrach.

Maus und Touchscreen

Woher weiß der Computer, wohin ich möchte?
Das Geheimnis von Mouse und Touchscreen.

1968 in San Francisco

Hier entwickelt der Computertechniker Doug Engelbart einen
Positionsanzeiger. Er muss mit zwei Händen bedient werden.
In der einen Hand ein Holzkästchen mit Drehrad, mit der
anderen werden Tasten an einem zweiten Gerät bedient. Für
den Computer ist eine Kurve immer die Mischung aus zwei
Bewegungen: einer senkrechten und einer waagerechten.
Deshalb ist aus dieser Ur-Maus später die berühmte graue
Maus mit der Rollkugel geworden. Diese Kugel überträgt die
Bewegung auf kleine gelöcherte Drehrädchen, die mal Schat-
ten und mal Licht auf eine Fotozelle werfen. So kann der Com-
puter errechnen, wie sich die Maus bewegt.

Der Touchscreen

Große, berührungsempfindliche Bildschirme werden oft an
Infosäulen oder Bankautomaten verwendet. Über die Glas-
oberfläche werden Ultraschallwellen geleitet. Der Finger ist
dabei wie ein Stein, der ins Wasser fällt. Über die Ausbreitung
der Wellen kann der Computer sofort die Position ermitteln.

Das Touchpad

Das ist vor allem in Laptops verbaut oder als durchsichtige
Oberfläche auf Smartphones und Tablets. Die Berührung des
Fingers stört dabei das elektrische Feld der Oberfläche –
dadurch entsteht ein schwacher Strom, der am Rand des Dis-
plays gemessen werden kann. Die Steuerung funktioniert des-

halb am besten mit dem Finger, nicht mit trockenen Gegenständen wie Holzstiften oder mit Handschuhen. Wer es unbedingt ausprobieren will: Mit einem Wiener Würstchen kann man ein Smartphone oder Tablet auch bedienen.

USB-Stick

So klein wie ein Fingerglied, doch in ihm drin, liegt alles, was uns wichtig ist. Wie der USB-Speicherstick zu dem geworden ist, was er ist.

1998 auf dem Flug nach New York

An Bord sitzt der israelische Geschäftsmann Dov Moran. Er arbeitet an einer Präsentation, die er später in New York vorführen will.

„Ja, das gefällt mir ... "

Er klappt zufrieden seinen Laptop zu, merkt aber nicht, dass sich das Gerät nicht abschaltet. Der Akku entleert sich komplett und sein Computer gibt so sehr den Geist auf, dass er auch später keinen Mucks mehr tut, als er ihn an den Strom anschließt. Die perfekte Präsentation auf einem kaputten Computer – er kommt an die Datei einfach nicht mehr ran.

2000 in der Nähe von Tel Aviv in Israel

Seinen Frust von der verpatzten Präsentation lässt der Ingenieur schnell hinter sich. Stattdessen ist ihm klar, dass er wichtige Dateien so gespeichert haben will, dass sie auch auf anderen Computern laufen. Disketten haben einen viel zu kleinen Speicher, und nach jeder kleinen Änderung eine neue CD zu brennen – unpraktisch.

„Ich will etwas haben, das an diesen USB-Stöpsel passt, der an jedem Rechner ist ... "

Also macht er sich dran, einen Speicher zu entwickeln, der auch ohne Strom seine Daten nicht verliert. Dabei werden winzige Elektroden mit Ladungsteilchen aufgeladen – so wie ein Fahrradschlauch mit Luft. Bestimmte Isolierschichten sorgen jetzt dafür, dass die Ladungsteilchen rein, aber – wie bei einem Ventil – nicht ohne weiteres rauskommen. So bleiben Daten auch ohne Strom gespeichert.

Heute
Die USB Speicherstifte sind ein Welterfolg. Allein in Deutschland werden pro Jahr mehr als zehn Millionen davon verkauft. Der Ingenieur Dov Moran hat Milliarden eingenommen – über seine verpatze Präsentation vor rund zehn Jahren kann er müde lächeln.

Forschung in 3D

Die Welt um uns herum ist dreidimensional. Deshalb suchen Mathematiker, Ingenieure und Computerwissenschaftler schon seit Jahrzehnten nach Möglichkeiten, dass auch Computerwelten und High-Tech-Geräte drei Dimensionen abbilden. Dabei hilft es ihnen, wenn sie manchmal einfach nur Bauklötze staunen.

1871 in London

Der Mathematiker und Philosoph William Clifford ahnt schon zu dieser Zeit, dass der Umgang mit Zahlen in der Zukunft immer wichtiger werden wird. Vor allem: Geometrie, also Flächen, Kreise, Winkel – alles wofür Lineal und Zirkel in der Schule gut sind.

> *Clifford: „Weißt du, Geometrie ist das Eingangstor zur Naturwissenschaft, aber es ist so klein, dass du nur als Kind durchpasst."*

Am besten also in einem Alter, in dem man noch mit bunten Bauklötzen spielt.

Die Sechzigerjahre in Boston, USA

Ivan Sutherland will Ingenieur werden und entwickelt in seiner Doktorarbeit ein Computerprogramm namens „Sketchpad", also Zeichenbrett. Mit einer Art Lichtstift ist es zum ersten Mal möglich, Zeichnungen auf einen Monitor zu übertragen.

> *„Das ist das Haus vom Nikolaus ..."*

Natürlich geht es ihm um komplexere Dinge und die Idee, dass im Computer Geometrie und Algebra zusammentreffen. Also: Flächen, Kreise und Winkel kombiniert mit Rechnungen und Gleichungen.

Etwas, das absolut alltagstauglich ist, denn inzwischen steuern solche Programme Drucker oder Fräsen, die alles Mögliche abbilden oder herstellen: Autoteile oder Zahnersatz, Kleiderdesigns oder Brückenmodelle und als leichteste Übung natürlich auch Bauklötzchen.

2008 an der Technischen Universität in Darmstadt

Die Wirklichkeit, die in Form von 3-D-Modellen aus dem Computer kommt, ist die eine Sache. Die andere ist, die Wirklichkeit einzufangen. Den Kölner Dom zum Beispiel. Mit aufwendigen Scannern und Lasermessungen würde das klappen. Aber neuerdings kann es auch anders funktionieren. Mit den Schnappschüssen von hunderttausenden Touristen und Hobbyfotografen, die ihre Fotos ins Internet stellen (z. B. Flickr). Die Forscher aus Darmstadt haben die ersten Versuche bereits gemacht. Für Notre Dame in Paris. Die neue Computeranwendung hat hunderttausende Fotos aus dem Internet gesammelt und ausgewertet. Schritt für Schritt entsteht ein neues 3-D-Modell. Die ersten Ergebnisse weichen nur um ein winziges Viertelprozent von aufwendigen Laservermessungen ab. So kann es sein, dass kostenlose Urlaubsschnappschüsse Mathematikern und Informatikern zu einem Durchbruch verhelfen. Dann staunen wir am Ende wieder Bauklötze.

Warum das Mobiltelefon Handy heißt

Es piept, vibriert oder singt. Das Handy. Aber warum nennen nur die Deutschen ihr Mobiltelefon ausgerechnet „Handy"? So nennen es noch nicht einmal die Menschen auf der Welt, die englisch sprechen.

1940. Chicago, USA

Die Brüder Paul und Joseph Galvin entwickeln gerade ein besonderes Feldfunkgerät für die amerikanischen Soldaten. Bis zu diesem Zeitpunkt gibt es nur schwere „Walkie Talkies", die wie ein Rucksack umgeschnallt werden müssen. Das neue Gerät lässt sich von den Soldaten wie ein Telefonhörer in der Hand halten.

> Soldat: „This is really praktisch. So from jetzt on we don't call it Walkie Talkie anymore, we say Handy Talky."

Und weil es beim Militär auch mal schnell gehen muss, bleibt später nur noch ein Kurzname übrig.

> Soldat rennt und ruft: „Schnell, quick. Das Handy!"

1986 in Deutschland

Irgendwo in einem Elektronikmagazin taucht eine Werbeanzeige auf für ein kleines Handfunkgerät auf. Geworben wird dafür mit dem Namen ...

> Leser blättert in Zeitung: „Handy! – Hm. Interessant ..."

Außerdem macht sich der leitende Postbeamte Josef Kedaj in der Generaldirektion der Telekom Gedanken um einen Namen für ein tragbares Telefon. Dabei muss irgendjemand „Handy" gemurmelt haben.

Und weil das genau die Zeit ist, in der sich plötzlich einige tolle Menschen schnurlose Festnetztelefone für Zuhause leisten können, bekommen diese auch einen tollen schnurlosen Namen. Homehandy.

Frau geht ans Telefon: „..... Nee, der Gerd ist gerade im Keller – aber kein Problem, ich reich dich mal weiter ..."

1990
Gerade als sich viele Deutsche an ihr praktisches Homehandy gewöhnt haben, verbreiten sich nach und nach auch die Überall-zu-benutzen-Telefone. Nicht nur in der Form von Autotelefonen.

Geschäftsmann im Auto: „Harry, reich mir mal den Hörer nach hinten."

Sondern auch als einigermaßen handliche Mobiltelefone.

Mann im Wald: „Schön hier, nur der Empfang ist ein bisschen schlecht."

Währenddessen nennen die Amerikaner ihr Gerät Mobile Phone oder Cellphone. Oder die Italiener Telefonino. Nur in Deutschland bleibt es das Handy – auch wenn sich Ende der Neunziger die Sprachforscher noch mal aufgebäumt haben.

Sprachforscher: „Bitte, wir brauchen ein deutsch klingendes Wort dafür: Phoni, oder Ohrli oder Anrufli ..."

Aber davon wollte niemand etwas wissen. Womöglich waren alle viel zu sehr mit dem Telefonieren beschäftigt.

MP3 überlistet das Ohr

Musik kommt heute selten von der Schallplatte und noch seltener vom Band. Auf Computern und kleinen Abspielgeräten sind Musiktitel als MP3 gespeichert. Das ist revolutionär – aber unser Ohr wird dabei überlistet.

Anfang der 70er Jahre an der Universität in Erlangen
Der Elektrotechnikprofessor Dieter Seitzer überlegt, zu was eine Telefonleitung alles in der Lage wäre.

„Vielleicht gelingt es, Sprache oder Musik zu übertragen, ohne dass es nach Telefon klingt ..."

Der Antrag auf ein Patent wird abgeschmettert. Er lässt sich aber nicht entmutigen und forscht zusammen mit einigen Studenten weiter. Dass in dieser Zeit gerade ISDN und Glasfaserkabel aufkommen, motiviert sein Team noch mehr. Einer seiner Studenten, ein gewisser Karlheinz Brandenburg, macht sich daran, Musiksignale zu codieren. Er wendet einen Trick an.

„Das, was unser Ohr sowieso nicht hört, muss auch nicht übertragen werden – das filtern wir einfach raus ..."

Ein Beispiel: Ein lauter Beckenschlag übertönt jede Triangel. Die unhörbare Triangel wird also herausgefiltert.

1987
Inzwischen wird Musik nicht mehr nur auf Schallplatten, sondern auch auf CDs verkauft. Die Audiodaten werden linear abgespeichert – das bedeutet: Alles ist in ungeheurer Daten-

menge auf der CD abgespeichert. Sogar die Triangel, auch wenn sie durch den Beckenschlag niemand hört. Immer noch arbeitet das Forscherteam aus Erlangen daran, Musik so zu codieren, dass sie hörbar gut klingt und möglichst wenig Speicherplatz und Übertragungsrate benötigt.

Ein Jahr später soll eine weltweite Forschergruppe mit über 200 Wissenschaftlern sogar für Videos ein solches Verfahren entwickeln. Diese Gruppe nennt sich: Moving Picture Experts Group, kurz MPEG – gewissermaßen also die Gruppe der Experten für bewegte Bilder.

Der Name der Gruppe setzt sich durch– und steht irgendwann umgangssprachlich für das ganze Komprimierungsverfahren.

1989

Unterdessen ist der frühere Student Karlheinz Brandenburg immer noch mit der Codierung von Musik beschäftigt. Inzwischen arbeiten Universität und Fraunhofer-Institut in diesem Bereich zusammen. Der beste Kompromiss zwischen vollem Klang und möglichst kleinem Speicher ist Stufe 3 des Filters. Für diese Arbeit bekommt Karlheinz Brandenburg den Doktortitel und gilt als Erfinder von MP3.

Heute

Dank MP3 passen jetzt auf den ursprünglichen Speicherplatz eines Musiktitels zwölf Titel. Diese deutsche Erfindung sorgt auf der ganzen Welt für Milliardenumsätze. Die Erfinder von damals sind keine Milliardäre, aber das Fraunhofer-Institut kann die immerhin Millioneneinnahmen jedes Jahr in andere wichtige Forschungsprojekte stecken.

Solarzelle

Elektrischer Strom aus dem Nichts. Sonnenschein allein reicht aus, um Häuser und Fahrzeuge mit Energie zu versorgen. Doch was steckt eigentlich drin in diesem Wunderding namens Solarzelle?

1839 in Paris

Der 19-jährige Alexandre und sein Vater, der Physiker Antoine Henri Becquerel, tun wieder einmal das, was sie nicht lassen können. Sie experimentieren auf Teufel komm raus nach allen Regeln der Physik. Alexandre taucht zwei Platinplatten in Säure. Plötzlich fällt ihm etwas Eigenartiges auf.

„Vater, komm schnell. Jedes Mal, wenn auf diese Versuchsanordnung die Sonne scheint, erhöht sich schlagartig die Spannung ..."

Zum ersten Mal entdeckt hier ein Mensch, dass Licht eine elektrische Veränderung bewirkt – ein sogenannter photoelektrischer Effekt. Warum das so ist, bleibt sowohl für Vater als auch Sohn bis zu ihrem Tode ein ungelöstes Rätsel.

1905 in Bern in der Schweiz

Hier sitzt ein 26-jähriges Physikgenie, das sich wahrscheinlich öfters die Haare rauft, als ihm lieb ist. Umso genialer ist die Erklärung für dieses Licht-Rätsel, die der junge Mann namens Albert Einstein parat hat.

„Licht ist nicht nur eine Art wellenförmige Strahlung. Licht enthält auch klitzekleine Energiepakete, die fast wie Materie wirken ..."

Diese Begründung ist so unglaublich, dass dieser Albert Einstein erst 16 Jahre später dafür den Nobelpreis bekommt.

1954 in New Jersey, USA
Die Mitarbeiter einer Telefonfirma suchen nach der Möglichkeit, entlegene Telefonstationen mit Strom zu versorgen. Dass sich mit Sonnenlicht Spannung erzeugen lässt – davon haben sie gehört. Allerdings auch von den vielen Misserfolgen damit.

> *„Was nutzt uns denn so eine aufwendig produzierte Dingsbums-Sonnenzelle, wenn sie nur ein oder zwei Prozent der Energie einfangen kann? Das ist doch weder das Geld noch die Mühe wert ..."*

Zufällig bekommen die Forscher mit, dass Kollegen ihrer Firma gerade Transistoren aus günstigem Silizium entwickelt haben. Das Halbmetall Silizium gibt es zuhauf – die Erdkruste besteht zu einem Viertel daraus. Sie nehmen also günstige Siliziumkristalle und versuchen sie lichtempfindlicher zu machen.

> *„Hier – schau an. Wenn ich dieses Silizium etwas verunreinige, wird es noch empfindlicher für Licht ... Und die Spannung erhöht sich ..."*

Nach und nach verbessern sie ihre kleine Konstruktion und haben schon bald die erste flache Silizium-Solarzelle in der Hand.

Nur vier Jahre später schießt der erste Satellit mit Solarzellen auf der Außenhaut ins All. Bis heute fliegt dieser pampelmusengroße Satellit in der Umlaufbahn. Es ist das älteste Gerät, das die Erde umkreist, und beweist, wie unverzichtbar Solarenergie sein kann ... zumindest dort, wo die Sonne scheint.

Nacktscanner

Durchsichtig bis auf die Haut. Wie schafft es ein Körperscanner, durch die Kleidung zu blicken?

Komm mit – 1895 in Würzburg

Hier entwickelt ein Physiker eine Art Vakuumstrahlenlampe, die elektrisch geladene Teilchen ausschießt.

„So, dann halte ich doch mal meine Hand in die Strahlung ...“

Diese Strahlen können gut durch menschliches Gewebe dringen, aber kaum durch Knochen. Am Ende lässt sich damit ein Film mit einem sichtbaren Bild belichten. Das allererste Strahlenbild zeigt die Hand des Physikers. Er heißt: Wilhelm Conrad Röntgen.

Die Technik eines Körperscanners

Röntgenstrahlen wirken gesundheitsschädlich auf das menschliche Gewebe. Deshalb gibt es Röntgenaufnahmen nur dann, wenn sie medizinisch unverzichtbar sind.

Die neuesten Körperscanner setzen deshalb auf Terahertzstrahlen, sogenannte T-Wellen. Das sind elektromagnetische Strahlen mit einer bestimmten Frequenz. Radioprogramm wird auf niedrigen Frequenzen ausgestrahlt. Mikrowellen haben eine etwas höhere Frequenz, danach kommen die besagten T-Wellen und danach ... sichtbares Licht. Die T-Wellen durchdringen Stoff oder Pappe, aber auch Mauern. Von Metall und Wasser werden sie reflektiert. Die Haut und der menschliche Körper, der vor allem aus Wasser besteht, blocken die Strahlen also ab.

Die Zukunft des Körperscanners

Weil wir selbst durch die Körperwärme ganz natürlich T-Wellen abstrahlen, können Scanner auch einfach diese Strahlen messen und an den Schatten versteckte Gegenstände erkennen. Aber die genauesten Bilder liefern Körperscanner, die selbst strahlen und die Reflektionen messen. An der Universität Konstanz arbeitet ein Physikerteam zurzeit daran, die T-Wellen-Technik noch präziser zu machen. So könnten die nächsten Generationen der Nacktscanner sogar unterscheiden, ob es sich um ein Päckchen Brausepulver oder ein Tütchen Rauschgift handelt. Nur Gegenstände, die im Körper, zum Beispiel im Mund, versteckt werden, bleiben unsichtbar. Und: Die ganz präzisen Körperscanner sind im Moment noch zu langsam und viel zu groß – sodass es Nacktscannerbrillen in nächster Zeit nicht geben wird.

Laser

Am Anfang war es eine Erfindung ohne Anwendung.
Jetzt ist es das wichtigste Werkzeug der Welt. Das
Geheimnis des Lasers.

16. Mai 1960 in Malibu, Kalifornien

Der Physiker Theodore Mainman hat einen besonders hellen
Moment. Er schickt einen Lichtblitz durch eine rote Rubin-
stange. Dadurch entsteht stark gebündeltes Licht. Diese
Strahlen haben enorme Wirkung. Sie brennen Löcher in
Papier, Kunststoff oder Metall. Laser ist ein englisches Kunst-
wort, es sind Anfangsbuchstaben sinngemäß für: Lichtver-
stärkung durch Strahlung.

Weil es zu diesem Zeitpunkt noch keine Messeinheit für das
Laserlicht gibt, haben Forscher eine Idee, als sie Rasierklingen mit Lasern durchlöchern.

*„Einen schwacher Laser hat die Einheit 1 Gillette, ein
starker Laser 5 Gillette."*

Die erste Stärkeeinheit für Laser ist tatsächlich die Anzahl der
durchbohrten Rasierklingen.

Die Achtzigerjahre

Lasertechnik wird zum vielseitigsten Werkzeug der Welt. Ein
Laser kann schneiden, schleifen oder reinigen – wenn es
drauf ankommt, auch auf tausendstel Millimeter genau.

Laser sorgen aber auch für beste Unterhaltung. In jedem
CD-Player steckt ein Laser – der reflektierte Strahl erfasst die
Unebenheiten auf der CD und liest so die Daten – als wäre es
eine klitzekleine Blindenschrift.

Farbige Laserlichteffekte kommen auch in großen Shows zum Einsatz. Weltberühmt wird die Laserharfe bei Konzerten des Elektromusikers Jean Michel Jarre. Er unterbricht harfenförmig angeordnete Laserstrahlen mit der Hand und aktiviert dadurch Töne, die ein Synthesizer produziert.

Heute

Fast alles, was uns umgibt, hat mit Lasertechnologie zu tun. Im Laserdrucker lädt der Strahl die Trommel elektrisch auf, sodass nur an bestimmten Stellen Tonerstaub haften bleibt und sich aufs Papier abrollt.

Internetdatenverbindungen funktionieren per Glasfaser ebenfalls mit gebündeltem Licht. Kein Auto ohne Laser: Die Löcher im Kraftstofffilter wurden per Laser gebohrt oder spiegelglatte Zylinder damit nachbearbeitet.

Und: Pro Jahr werden in Deutschland 100 000 Augen per Laser operiert.

Dynamit (und Nobelpreis)

Es ist die explosivste Mischung, die je die Welt
verändert hat: Dynamit.

1862 in Dortmund
Zu diesem Zeitpunkt ist der schwedische Chemiker Alfred
Nobel 29 Jahre alt. Er spricht neben Schwedisch noch vier
weitere Sprachen fließend.

*„Bonjour Madame, Hello Lady, Dobryi Djen, Küss di Hand,
Gnädigste!"*

Alfred ist fasziniert von der ungeheuren Sprengkraft einer
Flüssigkeit namens Nitroglyzerin. Allerdings ist sie so emp-
findlich, dass sie einem jederzeit unkontrolliert um die Ohren
fliegen kann.

*„Donnerwetter, dieser Stoff muss doch irgendwie zu
bändigen sein."*

Deshalb hat sich Alfred Nobel unter anderem in ein Bergwerk
in Dortmund verkrochen, um dort ganz in Ruhe ein paar Versuche zu machen.

1867 auf einem Floß auf der Elbe
Viele Versuche, das Nitroglyzerin kontrolliert zu sprengen,
enden im Desaster. Alfreds Bruder stirbt, als er damit hantiert. Alfred forscht weiter. Ein Werksgelände bei Hamburg
wird völlig zerstört. Alfred verzieht sich für weitere Versuche
auf einem Floß, das auf der Elbe vor Anker liegt. Dabei saugt
er das flüssige Nitroglyzerin mit Kieselmehl auf.

„Was ist das denn Verrücktes?!"

Nitroglyzerin und Kieselmehl – zusammen ein breiartiger Stoff, der sich gut handhaben lässt. Der Durchbruch. Alfred füllt diesen Brei in Pappröhrchen – die geballte Sprengkraft in einem gut dosierbaren Päckchen. Nach dem griechischen Wort Dynamis für Kraft nennt Alfred seine Erfindung Dynamit und lässt es patentieren.

1896 in San Remo, Italien

Das Dynamit ist weltweit ein Renner. Straßen, Eisenbahnen, Häfen, Tunnel oder Bergwerke – alles lässt sich leichter schaffen mit Dynamit. Fabriken in Europa und den USA und hunderte Patente haben Alfred Nobel zu einem der reichsten Männer der Welt gemacht. Kurz bevor er in seinem Haus in San Remo in Italien stirbt, schreibt er sein Testament. Er legt fest, was aus den jährlichen Zinsen seines Vermögens werden soll: das Preisgeld für eine Auszeichnung.

„Derjenige, der der Menschheit im vergangenen Jahr den größten Nutzen gebracht hat, bekommt einen Preis!"

Ölplattform

Vor dem Golf von Mexiko explodiert 2010 die Ölplattform Deep Horizon. Mitte der 90er Jahre besetzen
Umweltschützer die stillgelegte Ölplattform Brent
Spar in der Nordsee. Von Ölplattformen hören wir
meistens nur, wenn etwas passiert. Bohrplattformen
zählen zu den größten Bauwerken der Welt. Doch
sichtbar sind sie selten, weil sie sich Kilometer vor
der Küste auf dem Meer befinden. Was passiert auf
einer Bohrinsel im Alltagsbetrieb?

Bohrinsel ist nicht gleich Bohrinsel

Die ersten Bohrinseln vor 120 Jahren waren nicht im Ozean,
sondern in großen Seen im Norden der USA. Inzwischen gibt
es hunderte in allen Regionen der Welt. Feste Plattformen
stehen auf Stahl- und Betonsockeln direkt auf dem Meeres-
boden bis zu einer Tiefe von 500 Metern. Schwimmende
Bohrinseln sind lediglich mit Stahlseilen und Ankern über
den Bohrlöchern befestigt. Einige Bohrplattformen befinden
sich auch auf künstlich aufgeschütteten Inseln.

3 000 Meter unter der Meeresoberfläche

Je nach Region befindet sich in dieser Tiefe der Meeresgrund.
Die größten Bohrinseln der Welt arbeiten sogar in dieser
Tiefe. Von hier aus sieht so eine schwimmende Ölplattform
aus wie ein Krake. An der Wasseroberfläche die Plattform.
Von dort ragen bis zu dreißig Bohrleitungen wie bei einem
Tintenfisch in die Tiefe.

Vom Meeresgrund aus fressen sich die Bohrköpfe weiter. In
den meisten Fällen zunächst nach unten und dann wie ein „L"

zur Seite. Kilometerlang. So ist es möglich auch die öl- oder gasführenden Erdschichten zu erreichen, die nicht senkrecht unter der Plattform sind.

Die Arbeit auf einer Ölplattform

Hier arbeiten Bohrmeister, Kontrollraumtechniker und Kranführer, aber auch eine Catering-Crew, dazu gehören Leute, die Essen kochen, Wäsche machen und die Unterkünfte reinigen. Sie alle kommen per Hubschrauber zur Arbeit. Der Betrieb ist auf vielen Ölplattformen ähnlich. 14 Tage arbeiten, im Zwei-Schicht-Betrieb, täglich zwölf Stunden. Danach drei Wochen frei, zu Hause.

Das Essen und die Unterkunft auf der Plattform sind frei. Es gibt Fernseher, manchmal Internet und die Möglichkeit, nach Hause zu telefonieren. Außerdem gibt es ein Fitnessstudio. Viele Ölplattformen sind groß wie Fußballfelder, sodass sogar kleine Joggingrunden gedreht werden können.

Körperfettwaage

Alles, was auf einer Waage steht, fällt ins Gewicht.
Außer bei einer Körperfettwaage, denn die zeigt
nur den Fettanteil im Körper an. Aber wie kommt
das?

1969 in den USA

Dr. Earl C. Hoffer und sein Forscherteam entdecken, dass es
einen Zusammenhang gibt zwischen der elektrischen Leitfä-
higkeit des menschlichen Körpers und der Menge an Wasser,
aus der der Körper besteht. Dazu kleben sie Elektroden auf
die Haut und jagen Strom durch den Körper – sehr schwa-
chen versteht sich.

„Aua …, ich hatte gesagt: wenig Strom!"

Ein angeschlossenes Gerät misst, wie hoch der Widerstand
ist, auf den der Strom innerhalb des Körpers stößt. Hat ein
Mensch viele Muskeln, ist der Wassergehalt recht hoch, und
der Strom kann gut durch den Körper fließen. Je mehr Fett im
Körper ist, desto schwieriger kommt der Strom durch – der
Widerstand ist also hoch.

Murrhardt im Rems-Murr-Kreis

Hier werden seit 140 Jahren Waagen hergestellt. In den Acht-
ziger- und Neunzigerjahren entwickeln Ingenieure Waagen,
die ebenfalls schwache elektrische Signale durch den Körper
schicken. Diese Waagen sollen zudem in jedes Badezimmer
passen. Die 500 Mikroampere Stromstärke sind nicht spür-
bar und – so Mediziner – völlig unbedenklich.

Aus dem Verhältnis von Wasser im Körper und Gesamtgewicht ermittelt die Waage den Körperfettanteil und zeigt ihn an.

Heute Morgen, in einem Badezimmer

Während die Anzeige des Gesamtkörpergewichts innerhalb eines Tages kaum Schwankungen ausgesetzt ist, schwankt der angezeigte Körperfettwert fast stündlich. Denn gemessen wird ja nur der Widerstand – nicht die tatsächliche Fettmenge – und der Widerstand ist abhängig vom Wassergehalt.

Frau steigt auf Waage: „Hoppla ... Ah! Moment." Trinkt. „So! Jetzt wird's ein guter Tag!"

Bei voller Blase also geringer Widerstand! Und vor dem Sport ist der Widerstand auch geringer als nach langem Schwitzen.

Um die Werte vergleichen zu können, sollte man immer unter gleichen Bedingungen messen. Am besten morgens nach dem Toilettengang. Aber wer einfach schnell ein gutes Ergebnis hinschummeln will, trinkt einen kräftigen Schluck ... Dann allerdings sollte man nicht auf die Gesamtgewichtsanzeige schielen.

Deodorant

Einmal Sprühen und wenn alles gut geht, müffelt
es für den nächsten halben Tag nicht nach Schweiß.
Aber wie vernichtet ein Deodorant tatsächlich den
Körpergeruch?

400 vor Christus im alten Ägypten

Menschen, die gut riechen, sind schon damals prima Kerle.
Wenn sie in der entsprechenden Position sind.

*„Ölt die Frauen und lasst mir ein Bad ein. Es soll duften
wie in 1001 Nacht und zwar die ganze Nacht ..."*

Duftbäder werden genommen, Körperhaare werden entfernt,
edle Menschen reiben sich mit parfümierten Ölen ein. Hier
und da taucht auch schon eine Art Salzkristall auf, der den
Gestank von Schweiß auf der Haut entfernt.

Im 18. Jahrhundert in Frankreich

Über Jahrhunderte hält sich im Kampf gegen unangenehme
Gerüche ein einfacher Trick: Starker Körpergeruch in Klei-
dungsstücken und auf der Haut wird einfach mit noch stär-
kerem Parfumöl überdeckt. Zumindest von denen, die es
sich leisten konnten. Im kleinen französischen Örtchen
Grasse boomt das Geschäft mit immer neuen Duftwässer-
chen.

Zur gleichen Zeit gehen Wissenschaftler der Ursache für
Schweiß auf die Spur: Zwei bis vier Millionen kleine Drüsen
auf dem Körper produzieren an sich geruchloses Wasser zur
Kühlung. Allerdings vermischt sich diese Flüssigkeit mit den
Bakterien auf der Haut. Und dort, wo besonders viele Drüsen

sind und es warm ist, entsteht der stärkste Geruch: unter den Achseln.

Ende des 19. Jahrhunderts in den USA

Ein Mann erfindet gewissermaßen das erste Deodorant, ein lateinisches Wort, was so viel wie Geruch-weg heißt. Es ist eine Salbe, die Zink enthält. Sie tötet die Bakterien auf der Haut ab und verengt die Schweißdrüsen, sodass weniger Schweiß produziert wird. Das ist das Prinzip heutiger Deos.

Weil sein Kindermädchen so davon angetan ist, erzählt sie es ihren Freundinnen weiter.

„Das kann doch nicht sein, dass man davon nicht mehr nach Schweiß riecht! Du willst mich sicher auf den Arm nehmen ..."

„Nein, nimm es unter den Arm!"

So verbreitete sich die Nachricht vom Deo rasend schnell. Noch schneller als Körpergeruch.

Lippenstift

Hiermit werden in Sekundenschnelle werden aus Mauerblümchen verführerische Vamps. Das Geheimnis des Lippenstifts.

13. Jahrhundert vor Christus, im alten Ägypten

Die schöne Pharaonin Nofretete ist von Natur aus so unglaublich schön, dass es die Menschen im alten Ägypten umhaut. Einen Großteil ihres Tages verbringt sie mit Baden und Salben, und ihre dreißig Zofen und hundert Dienerinnen helfen ihr dabei:

> *„Nofretete, wenn Sie das hier mal ausprobieren wollen. Einfach auf die Lippen damit ..."*

Farbiges Puder und Salbe. Rote Lippen. Das Gesicht der Nofretete ist dank einer immer noch gut erhaltenen Büste weltberühmt!

1883, Weltausstellung in Paris

Schon seit dem Barock sind blasser Teint und rote Lippen schick. Jetzt wittern Pariser Parfumeure ihre Chance – sie haben Hirschtalg und Bienenwachs mit den Farbstoffen gemischt – und präsentieren kleine knallrote Röllchen

> *„Meine Damen und Herren! Formidable! Das ist eine Sensation, schauen Sie selbst ..."*

Die Menschen sind begeistert – aber auch entsetzt. Denn knallrot und dann noch diese Phallusform, das hat immer etwas Obszönes! Außerdem werden diese Lippenröllchen, in Seidenpapier gewickelt, oft klebrig und matschig.

Aber nach und nach setzt sich der Lippenstift durch, vor allem nachdem die Amerikaner das Röllchen kurz nach dem Zweiten Weltkrieg mit einem Drehmechanismus ausgestattet haben.

Heute

Bienenwachs oder aus Erdöl gewonnenes Paraffin geben die Form und die Konsistenz heutiger Lippenstifte. Aber auch Geruch, Geschmack und möglichst Hautfreundlichkeit spielen eine Rolle. Das Wichtigste bleibt die Farbe, und die wird manchmal noch aus Läusen erzeugt, die auf Kakteen krabbeln.

Innerhalb von vier Sekunden werden auf der ganzen Welt 100 Lippenstifte verkauft. 35 Millionen Lippenstifte jedes Jahr allein in Deutschland.

Dauerwelle

Seit mehr als hundert Jahren macht so manches
Haar eine Riesenwelle – dem Friseur sei Dank.
Aber warum eigentlich?

Um 1880 in Todtnau im Schwarzwald

Ein Junge namens Karl hütet im Schwarzwald Ziegen. Bei
Sonnenschein und auch bei Regen. Und jedes Mal, wenn es
gerade anfängt zu regnen, beobachtet er, wie sich Blumen und
Gräser verändern – sie ziehen sich wie Haarlocken zusammen.

Einige Jahre später in Genf

Aus dem Jungen Karl ist inzwischen ein Friseur geworden. Er
arbeitet in Genf – aus Karl wurde Charles.

„Hallo Karl, Bonjour Charles!"

Immer wieder erinnert er sich an die aufgerollten Gräser von
damals und tüftelt an einer Methode, auch Haare lockig zu
machen.

Kurz darauf in Paris

An seiner Freundin Yvonne möchte er ausprobieren, Haare zu
wellen.

„Charles, mach mich lockig!"

Er rührt eine geheimnisvolle Paste an, verteilt sie im Haar
und wickelt Strähne um Strähne um Metallstäbe.

*„So, meine Süße, das wird jetzt noch mit dieser Zange
heiß gemacht."*

Leider verbrennt er ihr dabei die Kopfhaut.

Immerhin. Der Anfang ist gemacht. Er tüftelt weiter, macht aus Feuerzangen elektrische Heizpatronen und präsentiert später in London seinen Kollegen die Dauerwellenmaschine. Ohne großen Erfolg. Sie alle fürchten, Kunden zu verlieren. Erst als die Technik so ausgereift ist und immer mehr Frauen die Welle haben wollen, wird er mit seinen Apparaten in Amerika ein reicher Mann. Bis zum Börsencrash. Dann ist sein Geld futsch. Nur die Haarwelle ist von Dauer – bis heute.

Wann Kaugummi
erfunden wurde
und warum Schuhe
quietschen

KURIOSES &
UNHEIMLICHES

Geld

Es macht angeblich nicht glücklich. Trotzdem wollen wir möglichst viel davon haben. Außerdem entscheiden andere, wie viel wir davon verdienen: Geld ist auch nicht essbar. Geldscheine sind nicht immer etwas wert. Geld ist trotzdem begehrt und zwar schon seit tausenden Jahren. Was ist Geld genau?

6000 Jahre vor Christus

Nicht alles, was Menschen zum Überleben brauchen, können sie selbst herstellen. Deshalb tauschen sie.

„Ich will mir gern dein Fell über die Ohren ziehen!"

„Na gut, aber nur, wenn du mir deinen Sack Getreide überlässt."

Wer nichts zu tauschen hat, guckt in die Röhre. Deshalb fangen die Menschen an, Dinge zu tauschen, die sie nicht verbrauchen wollen, sondern die weiter getauscht werden können. Perlen oder Salz. In manchen Teilen der Erde auch Kakaobohnen oder Muscheln.

700 Jahre vor Christus in der heutigen Türkei

Edelschmiede fangen an, die ersten Münzen zu schlagen. Material und Gewicht oder der Wert der Münzen werden eingeprägt. So müssen Geldstücke nicht mehr gewogen werden, sondern können gezählt werden. Diese ersten Prägemünzen heißen so wie der König.

„Wie ist dein Name?"

„Ich bin König Krösus!"
Wer sonst?

Über viele Jahrhunderte bringen die Kaiser und Könige für ihre Region Münzen aus Edelmetall in Umlauf. In China gibt es Eisenmünzen. Die sind allerdings so wenig wert, dass zur Zahlung größerer Summen ganze Berge davon nötig sind. Deshalb erfinden Kaufleute Papiergeld. So eine Art Gutschein. Dabei wird darauf geachtet, dass nur so viele Scheine im Umlauf sind, wie ein entsprechender Wert an Münzen im Depot der Kaufleute liegt. Später gibt es Papiergeld auch in Europa. Die Menschen vertrauen diesen an sich wertlosen Zetteln, weil sie wissen, dass die Bank die entsprechende Menge an Gold oder Silbermünzen vorhält, die jederzeit gegen solche Scheine ausgezahlt werden.

Heute

Unser heutiges Geldsystem ist nicht mehr gedeckt: Der Materialwert einer Münze ist sehr gering. Mit einem Geldschein hat auch niemand einen Anspruch, dass die Zentralbank Gold oder Silber dafür rausrückt. Unser Geldsystem basiert auf Vertrauen. Vertrauen, dass wir mit diesen Scheinen auch noch in Zukunft etwas kaufen können. Unsere Euro-Banknoten sind im Grunde so etwas wie Gutscheine von der Europäischen Zentralbank. Sie steuert auch die Menge der Gutscheine. Jeder Staat empfiehlt seinen Bürgern, Schulden mit Geld zu begleichen – es ist gesetzliches Zahlungsmittel. Unser Geldsystem funktioniert aber nur, weil wir daran glauben, dass es einen Gegenwert gibt.

Glück

Herr Rossi sucht es. Hans ist bereits drin. Und jeder ist dessen Schmied. – Was ist Glück?

550 vor Christus – dort wo heute die Türkei ist

In dem Gebiet, das Lydien heißt lebt, herrscht und regiert König Krösus. Er scheffelt unglaublich viel Kohle und wird immer reicher. Es gibt Gold in seinem Land, er bringt Münzen in Umlauf, sein Volk vergnügt sich und erfindet Würfel und Ballspiele. Krösus schreit es in die Welt raus: Ich bin der glücklichste Mensch der Welt! – Doch ein Gelehrter gibt ihm einen Rat: Vor dem Tod soll sich niemand glücklich nennen. Mit anderen Worten: Abgerechnet wird zum Schluss.

1984 an der Universität in Rotterdam

Geld allein macht nicht glücklich – stimmt. Aber Geld plus X macht glücklich. Das beweist der niederländische Soziologe Ruut Veenhoven. Er wertet Umfragen auf der ganzen Welt aus, sammelt sie in einer Datenbank des Glücks: Je größer der Wohlstand in einem Land, desto glücklicher sind seine Einwohner. Sie fühlen sich dann besonders glücklich, wenn sie frei sind, Verantwortung übernehmen können und die Chance haben, Dinge selbst zu bestimmen. So entsteht eine Weltkarte des Glücks: Die glücklichsten Menschen der Welt leben demnach in Skandinavien.

Die drei Arten des Glücks

Wissenschaftler unterscheiden drei Arten von Glück:

Erstens: Glück als purer Zufall. Beim Lotto. Oder im Casino. Oder als Quizshowkandidat, der zufällig aus Tausenden ausgewählt wurde. Der allerdings ab diesem Zeitpunkt seinem Glück auf die Sprünge helfen will und ganze Lexika durchliest, um in der Show zu bestehen.

Als zweite Form des Glücks gelten lustvolle Momente. Wenn wir Freunde wiedersehen. Wenn wir Spaß haben oder Augenblicke genießen, die unser Herz erfüllen und uns Freudentränen in die Augen treiben

Und drittens: Glück als Zufriedenheit – wenn wir in uns reinhören, ruhig sind und sich das Leben einfach gut anfühlt.

Gold

Sicher ist sicher. Kaum ein Land auf der Welt hat so viel Gold gebunkert wie Deutschland. Wo es steckt, wissen nur die Wenigsten.

Deutschlands Goldvorräte wiegen so viel wie 3000 Autos
Gold gilt seit Jahrhunderten als besonders unabhängige Geldanlage: Der Wert kann schwanken, trotzdem bietet Gold Sicherheit. Deshalb hat Deutschland allein mehr als 3400 Tonnen Gold gelagert. Das ist zurzeit weit mehr als 100 Milliarden Euro wert. Nur die USA haben noch mehr. Das meiste Gold Deutschlands stammt noch aus den Sechzigerjahren – der Zeit des Wirtschaftswunders.

Die geheimen Goldlagerplätze
Das Gold der Bundesrepublik liegt in dicken, mehr als zwölf Kilo schweren Barren vor. Rund 280000 Stück. Jeder einzelne Barren ist so viel wert wie ein Einfamilienhaus auf dem Land. Wo genau das Gold lagert, verrät die Bundesbank nicht. Nur so viel ist bekannt: Damit das Gold im Falle eines Falles schnell verkauft oder verliehen werden könnte, liegt der meiste Teil nicht in Deutschland, sondern an den wichtigsten Finanzhandelsplätzen der Welt. In London, in Paris und vor allem in New York.

New York – im Süden von Manhattan
Direkt an der Wallstreet befindet sich 25 Meter unter der Erde ein Tresorbunker, er ist das größte Goldlager der Welt. Hier liegen eine halbe Million Goldbarren – die Goldreserven von vielen Ländern der Welt. Der größte Teil davon soll der Deut-

schen Bundesbank gehören. Aber immerhin: Ein Teil des deutschen Goldschatzes soll auch mitten in Rheinland-Pfalz lagern – in der Hauptverwaltung der Bundesbank in Mainz, ganz in der Nähe der Universität.

In den nächsten Jahren wird es einige Transporte geben, die unter strengster Geheimhaltung stattfinden. Bis 2020 sollen 700 Tonnen Gold aus dem Ausland nach Deutschland geholt werden. Wenn diese wertvolle Fracht sicher ankommt, dürfte irgendwann fast die Hälfte der deutschen Goldreserven in Deutschland lagern.

Vom Supermarkt überlistet

Kaufen, kaufen, kaufen. Das wünscht sich jeder Supermarktbesitzer von uns Kunden. Damit wir das auch tun, wird nichts dem Zufall überlassen. Hinter dem Warenangebot steckt ein raffinierter Plan.

Im Supermarkt

Einkaufszettel und gute Einkaufsplanung helfen kaum. Im Durchschnitt haben wir uns für siebzig Prozent der Produkte im Korb erst im Laden entschieden. Auch wenn wir uns fest vorgenommen haben, es nicht so weit kommen zu lassen.

„So. Was steht auf der Liste: Butter, Brot, Eier, Obst ...“

Je länger wir uns im Laden aufhalten, desto mehr lässt unsere Einkaufsdisziplin nach.

„Och, Mensch, was ist das denn? Das sieht aber lecker aus und knistert so schön ...“

Mit jeder Minute vergessen wir den Einkaufszettel mehr und mehr. Und deshalb tun Supermarktstrategen alles, um uns möglichst lange im Laden zu behalten.

Die Bremszone

Hektisch schnell durch den Supermarkt. Das geht kaum. Erstens ist es hier meistens genau 19 Grad – kühl genug, um nicht träge zu werden, und warm genug, um nicht frierend wieder rauszulaufen. Und zweitens werden wir ausgebremst. Direkt am Eingang drosselt das große übersichtliche Obstangebot mit flachen Regalen die Kunden auf Einkaufsbummelgeschwindigkeit runter.

Durchsage: „Unsere Bananen machen sich für Sie krumm und kosten pro Kilo nur 1,99."

Die Blickzone und die Greifzone

Im Supermarkt gibt es meistens an den Außenwänden eine Rennbahn, ein breiter Gang für den guten Überblick. In den Regalen rechts und links davon geschieht alles nach einem ausgeklügelten Plan: in der Blickzone auf Augenhöhe die Neuheiten. In der Greifzone, also auf Bauchhöhe, stehen die bekannten Markenartikel. Und unten, in der Bückzone, da erst wird es preiswert – aber wer bückt sich schon gern?

Und dann sind da noch die besonders lukrativen Spontankäufe: Impulsware, die wir mal eben schnell noch mitnehmen. Süßwaren zum Beispiel. Aufgetürmt im letzten Drittel vor der Kasse – ruckzuck fährt der Arm raus und harkt noch etwas davon in den Korb. Alles so, dass wir uns am Ende wundern, dass wir so viel gekauft haben, obwohl nur wenig auf der Liste stand.

Stadionrunde

Wenn Sportler ihre Runden im Stadion drehen, dann machen sie das fast immer gegen den Uhrzeigersinn. Aber warum?

1912. Stockholm

Hier treffen sich 17 Sportfunktionäre aus zig verschiedenen Ländern. Und jeder mit einer eigenen Vorstellung von Schneller, Weiter, Höher ...

Italiener: „Machen wir das Standardmaß für einen Diskus exakt so groß wie eine Pizza!"

Franzose: „Contenance. Das metrische System ist das einzig Wahre."

Deutscher, Bayer: „A geh, ein Staffelstab darf nicht länger sein als eine Weißwurst!"

Das Hickhack rund um Rekorde und richtige Messzeiten und -längen muss ein Ende haben. Sie gründen den Internationalen Leichtathletikverband und stellen verbindliche Regeln für alle möglichen Sportarten auf. Auch fürs Laufen:

Regel 163, Absatz 1: „Der Innenraum muss in Laufrichtung links liegen."

Eine Begründung dafür hat es nie gegeben. Dafür aber mindestens drei Spekulationen.

Erstens: 17. Jahrhundert – Newmarket in England

Hier finden die ersten Galopprennen statt. Nicht in Stadien, sondern auf Straßen. Für die Wagenlenker, die rechts sitzen, ist es übersichtlicher, Linkskurven zu fahren. Also wurden die Strecken linksläufig ausgewählt. Später gibt es Galopprennbahnen und diese haben auch Mittelstreckenläufer für ihre Rennen genutzt – sinnvollerweise in gleicher Laufrichtung wie die Pferdewagen.

Zweitens – ganz Europa hat einen Rechtstick
Neunzig Prozent der Menschen bevorzugen die rechten Gliedmaßen für die meisten Tätigkeiten. Sie schreiben mit der rechten Hand oder springen mit dem rechten Fuß. Wer schnell läuft, kann deshalb mit seinem starken rechten Bein den Fliehkräften besser entgegenwirken. Er kann sich also besser in einer Linkskurve halten.

Drittens – das 19. Jahrhundert in England
Hier in Oxford und Cambridge hat sie angefangen – die moderne Leichtathletik. Und in Anlehnung an den Linksverkehr wäre auch linksrum Laufen das einzig wahre.

Die Wahrheit
Möglicherweise ist keine dieser jahrzehntealten Spekulationen wahr. Denn vermutlich haben die Funktionäre des Leichtathletikverbandes lediglich ausgelost, in welche Richtung gelaufen werden soll – und schon war es entschieden.

Wie gefährlich sind Blindgänger?

Warum werden wir auch in den nächsten
Jahrzehnten immer noch mit Fliegerbomben
zu tun haben?

Immer wieder auf Baustellen

Immer wieder werden bei Bauarbeiten Blindgänger entdeckt,
die aufwändig entschärft werden müssen. Die Kampfmittel-
experten sagen: Schon eine leichte Bewegung kann dazu führen, dass sich der Zünder aktiviert und die Bombe explodiert.

Ob in Stuttgart, Koblenz oder Trier: Immer, wenn Blindgänger in bewohnten Gebieten liegen, müssen hunderte Menschen ihre Wohnungen verlassen.

Zehntausende unentdeckte Blindgänger

In ganz Deutschland werden pro Jahr mehr als 5 000 Welt-
kriegs-Bomben unschädlich gemacht – im Schnitt werden am
Tag also in Deutschland 14 Bomben entschärft. Wie viele dieser zentnerschweren Bomben noch im Boden liegen, können
auch Experten nur schwer schätzen. Fakt ist: Im Zweiten
Weltkrieg wurden Millionen davon abgeworfen, jede zehnte
explodierte nicht, nachdem sie sich metertief in den Boden
hineinbohrte. Zehntausende sollen immer noch unter der
Erde schlummern.

Jeder Einsatz ist lebensgefährlich

Allein in Rheinland-Pfalz sind zwei Kampfmittelräum-Teams
in Koblenz und Worms ständig auf Standby. Prinzipiell riskie-
ren sie bei jedem Einsatz ihr Leben. Denn, so sagen sie, kein
Blindgänger sei so wie der andere: Mal liegen sie im Wasser,

mal in der Erde. Mal ist der Zünder in gutem Zustand, mal nicht. Manchmal hilft oft nur noch die kontrollierte Sprengung. So, wie mitten in München 2012, nachdem 2500 Anwohner in Sicherheit gebracht wurden. In der Umgebung gingen fast alle Fensterscheiben kaputt. Dächer fingen Feuer.

Champagner

Nur Champagner ist Champagner – so lautet das
Gesetz. Aber warum?

1668 in einem Benediktiner-Kloster in Nordfrankreich

Der Mönch Dom Perignon ist sehr besorgt. Sein Trauben-
most gärt in den Fässern monatelang vor sich hin. Der
Fruchtzucker wandelt sich in Alkohol. Genau wie er es
möchte. Dann mischt er bestimmte Weine aus verschiedenen Trauben zusammen – sodass der Wein besonders gut
schmeckt – und füllte sie in Flaschen ab. Jedes Mal, wenn
Dom Perignon nicht richtig aufpasst, fängt sein Wein in den
Flaschen ein zweites Mal an zu gären – so sehr, dass er pri-
ckelt.

1805 im Norden Frankreichs

Der besondere prickelnde Ausschusswein hat sich über die
Jahre herumgesprochen und wird zum Hit. Der einst vom
Mönch aus Versehen hergestellte Schaumwein ist nicht mehr
Ausschuss, sondern etwas Besonderes. In der Weinregion
Champagne gibt es inzwischen viele Kellereien. In einer davon
steht: Nicole-Barbe, eine junge, attraktive und pfiffige
Geschäftsfrau. Leider ist ihr Mann namens François Clicquot
gerade gestorben. Sie spuckt in die Hände und erfindet eine
Möglichkeit, die trüben Teilchen aus dem Champagner zu
entfernen. Über Monate werden die Flaschen langsam mit
dem Kopf nach unten gedreht und vorsichtig gerüttelt, so dass
sich die Rückstände im Flaschenhals sammeln. Dort werden
sie dann entfernt und die Flasche neu verschlossen. Die cle-
vere Witwe Clicquot, also Veuve Clicquot, verkauft so viel

Schampus mit ihrem Namen, dass sie sich zwanzig Jahre später in einem riesigen Schloss zur Ruhe setzen kann.

Um 1900 in der Champagne
Viele deutsche junge Männer, vor allem aus Rheinland, Pfalz, Baden und Württemberg kommen in die Champagne, um dort als Kellermeister zu arbeiten. Sie heißen zum Beispiel Heidsieck, Piper oder Krug, heiraten dort und werden zu Franzosen. Andere wiederum lernen dort und gründen in Deutschland Kellereien für Schaumwein. Der wird heute noch im Flaschengärungsverfahren hergestellt. Nur der aus der Champagne darf auch Champagner heißen – ansonsten heißen sie Winzersekt in Deutschland, Spumante in Italien, Cava in Spanien oder Krimsekt in der Ukraine.

Heroin aus der Apotheke

Heroin. Bis vor hundert Jahren gab es diesen Stoff noch rezeptfrei beim Apotheker – sogar für Kinder. Wie aus einem deutschen Medikament eine der gefährlichsten Drogen der Welt wurde.

1897 in Wuppertal

Der Chemiker Felix Hoffmann versucht in seinem Labor etwas herzustellen, das auf Morphin und Opium basiert – jenem Wirkstoff aus Mohn, der schon seit Jahrhunderten Schmerzen lindert. Auf diese Weise entsteht etwas, das synthetisch viel einfacher als das reine Naturprodukt herzustellen ist. Es ist Diacetyl-Morphin. Die Firma, für die er arbeitet, ist überwältigt, weil es geradezu heldenhaft alle Arten von Schmerzen oder Husten lindert. Deshalb bekommt dieses Mittel einen heldenhaften Namen: Hero-in.

Für diesen Mann dürften jene Tage im August 1897 die erfolgreichsten sein: Elf Tage vorher hat derselbe Felix Hoffmann nämlich die Acetylsalicylsäure entdeckt: also Aspirin.

Anfang des 19. Jahrhunderts

Das heute Undenkbare passiert: Für die Einnahme von Heroin wird massiv geworben, vor allem, weil es den unschlagbaren Vorteil haben soll, nicht abhängig zu machen.

Männer, Frauen und Kinder schlucken Heroin tropfenweise. Es wird am Anfang rezeptfrei in der Apotheke in kleinen Flacons angeboten. Auch von anderen Firmen. Nebenwirkungen: Benommenheit, leichte Verstopfung und ab und zu etwas Euphorie. Nichts, was Menschen mit starken Schmerzen beunruhigt.

Der große Heroin-Irrtum kommt erst in Amerika heraus. Denn dort ist es zu dieser Zeit schon verbreitet, sich bestimmte Wirkstoffe direkt in die Blutbahn zu spritzen. So gelangt ein Vielfaches des Wirkstoffes ins Gehirn und löscht dort Gefühle wie Angst oder Unlust aus. Gleichzeitig macht es die Konsumenten abhängig. Erst als 1931 international der Handel mit Heroin verboten wird, hört auch die industrielle Großproduktion in Deutschland auf.

Heute

Heute gilt Heroin als das Suchtmittel, das die wirksamste körperliche und psychische Abhängigkeit schafft. In Großbritannien wird Heroin, allerdings ganz selten noch, als Medikament verabreicht, zum Beispiel zur Schmerzlinderung bei Krebskranken.

Auf der Homepage des Bayerkonzerns finden sich hunderte Hinweise auf die eigene Millionenerfolgsgeschichte. Dass der Millionen-Bestseller Heroin auch eine Erfindung aus diesem Hause ist, sucht man dort vergeblich.

Kaugummi

100 Kaugummis kaut jeder von uns im Durchschnitt jedes Jahr. Weil's schmeckt. Aber vielleicht auch, weil's vor Karies schützt, beim Abnehmen helfen kann oder sogar die Konzentration fördert. Was ist dran am Mythos Kaugummi?

7000 vor Christus

Mitten in der Steinzeit. Eine kleine Siedlung, dort, wo heute Südschweden ist. Die Menschen nutzen einen Sud aus Birkenrinde als Klebstoff und für ihre Pfeilspitzen: also Birkenpech. Offensichtlich wird darauf auch rumgekaut. Und deshalb findet ein Archäologe 7000 Jahre später ein Stück dieser dunklen Masse von damals mit Zahnabdrücken.

„.... hm, das ist ja mal Pech. Echtes Birkenpech ... Was für ein Glück!"

Ein echtes Steinzeitkaugummi. Auch am Bodensee machen Forscher solche Entdeckungen. Mit Zähnen geknetetes Birkenharz und Honig. Wohl schon damals zur Beruhigung und um Aggressionen einfach wegzukauen.

1848 in Maine in den USA

Ein Mann namens John Curtis verdient sich sein Geld als Küchenhilfe. Aber er ist ein gerissener Typ. Weil er sieht, dass Männer wie im wilden Westen auf Hölzchen und anderem Zeug herumkauen, erfindet er ein Kaugummi aus aromatisiertem Fichtenharz. Er macht ein gutes Geschäft, und um den harzigen Baumgeschmack wegzukriegen, entwickelt er eine Kaumasse aus Paraffin, eine Art Gummi auf Rohölbasis.

Wenig später sucht ein anderer Erfinder etwas, aus dem er Fahrradreifen herstellen kann. Dabei merkt er, dass sich auf dem klebrigen Saft des Apfelbrei-Baumes aus Mittelamerika noch viel besser rumkauen lässt. Ganz Amerika ist wie infiziert vom Kaugummi, nur einem Zeitungsjournalisten passt das überhaupt nicht. Er kommentiert in der New York Sun: „Kaugummikauen ist eine vulgäre Schwäche, die von schlechter Erziehung zeugt ..."

Diese vulgäre Schwäche hält sich und schwappt von Amerika in die ganze Welt. Ein Milliardengeschäft – vor allem mit Pfefferminzgeschmack.

1999 Universität Erlangen.
Hier schickt Professor Siegfried Lehrl Studenten in eine Prüfung. Manche kauen, manche nicht. Diejenigen, die kauen, wissen bei jeder Frage 30 Prozent mehr als die Nicht-Kauer. Kauen regt das Gehirn an und steigert die Konzentration.

Zur gleichen Zeit in Minnesota in den USA
Ärzte der renommierten Mayo-Klinik finden Erstaunliches heraus: Wer kaut, nimmt ab. Wer ein Jahr lang regelmäßig Kaugummi kaut, verliert elf Pfund Körpergewicht.

Übrigens: Wer so viel kaut, dass das Zeug aus dem Mund aufs T-Shirt quillt, legt das T-Shirt am besten ins Gefrierfach, denn so gehen die Kaugummireste gut wieder raus.

Schwarz Rot Gold

Seit 65 Jahren gilt das Grundgesetz der Bundesrepublik Deutschland. Darin steht in Artikel 22:
Die Bundesflagge ist schwarz-rot-gold. Aber warum?
Ob Staatsempfang oder Fußballspiel: Schwarz, Rot
und Gold sind immer im Spiel. Wo haben die Farben
der Deutschen ihren Ursprung?

1815 in Jena
Schluss mit Napoleon. Viele Freiwillige fassen sich ein Herz
und ziehen gegen Napoleon in einen Befreiungskrieg.

„Wir haben aber nichts anzuziehen!"

Ganz so schlimm ist es nicht. Aber Uniformen gibt es für die
Freiwilligen in der Tat nicht. So färben sie ihre eigene Kleidung um. Praktischerweise in Schwarz – denn das geht am
einfachsten. Für die bessere Wiedererkennbarkeit werden
einige Nähte mit roten Stoffstreifen besetzt und außerdem
goldfarbene Knöpfe angenäht.

Nach der Rückkehr aus den Befreiungskriegen wird kräftig
gefeiert. Zunächst aber mit rot-schwarz-roten Fahnen, so wie
Farbe und Nähte der selbstgebastelten Uniformen.

Zum Zeichen des Triumphes heften sie aber noch ein golde-
nes Eichenblatt und goldene Fransen daran.

1832 in Hambach
Massenkundgebung in Hambach an der Weinstraße. Tau-
sende setzen sich für ein freies und vereintes Deutschland ein.
Schwarz und Gold sind schon seit Jahrhunderten kaiserliche
Farben und das kräftige Rot stand für die Herrschaft über

Leben und Tod. Hier auf dem Hambacher Fest weht „Schwarz-Rot-Gold" zum ersten Mal in der heutigen Reihenfolge. Durchsetzen kann es sich aber noch nicht, denn die Preußen und die deutschen Hansestädte machen „Schwarz-Weiß-Rot" zur Handelsflagge. Diese Farben übernehmen auch die Nationalsozialisten als Reichsfarben.

1949 in Bonn

„Schwarz-Rot-Gold" wird das Symbol deutscher Einigkeit, aber auch das Symbol der Höhepunkte und Krisen der deutschen Geschichte. Damit sich das so schnell nicht ändert, wurde das im Mai 1949 – also vor 60 Jahren – im Grundgesetz festgelegt. Da heißt es: „Die Bundesflagge ist schwarz-rot-gold."

Regenbogen

Wenn ein Regenschauer davonzieht und die Sonne schon rauskommt, gibt es einen Regenbogen. Das Licht spiegelt sich im Wasser und bricht in alle Farben auf. Aber wie genau?

Gegen 1300 in Paris

Den Regenbogen hat niemand erfunden – das ist klar. Er ist ein Naturphänomen und lange Zeit ein ungelöstes Rätsel, das Gelehrte auf der ganzen Welt versuchen zu knacken. Der deutsche Dominikanermönch Dietrich von Freiberg ist als Lehrmeister an der Universität in Paris und versucht hinter das Geheimnis zu kommen.

> Mönch: *„Das hier hat nichts mit Petrus zu tun. Das ist klar."*

Dass Regenbogen und reflektiertes Sonnenlicht irgendwie im Zusammenhang stehen, ist schon vorher bekannt. Aber wie kommt die Anordnung der Farben zustande?

Einige Zeit später

Der Mönch baut sich also einen einzelnen, riesigen Regentropfen in Form einer gläsernen, mit Wasser gefüllten Flasche nach. Darauf lässt er einen Lichtstrahl scheinen und beobachtet, was passiert.

> Mönch: *„Der Strahl tritt in den Wassertropfen ein, macht dabei einen Knick, geht durch den Tropfen durch, bis er auf die Rückseite trifft."*

Genau an dieser Stelle wandert ein Teil des Strahls weiter durch den Tropfen und ein anderer Teil wird gespiegelt, sodass er wieder vorn aus dem Tropfen kommt. Allerdings nicht mehr als weißes Lichtbündel, sondern als regenbogenfarbiger Schein.

Heute

Inzwischen haben Physiker zigmal bestätigen können, was der Mönch herausgefunden hatte. Das Sonnenlicht ist ein Zusammenspiel aus allen Farben, das in der Summe, also wenn die Farben „zusammengehalten" werden, weiß erscheint. Bei der Spiegelung allerdings wird das rote Lichtbündel in einem anderen Winkel reflektiert als die Farben Orange, Gelb, Grün, Blau und Violett. Wenn uns also die Sonne im Rücken steht und wir in Richtung Regen schauen, dann sind die einzelnen Tropfen so etwas wie winzige fallende Spiegel. Das rote Lichtbündel wandert dabei zuerst und ganz oben an unserem Auge vorbei. Und weil ständig ein neuer Regentropfen nachrückt, wirkt das Ganze auf uns wie ein Farbband, das stillzustehen scheint.

Noch etwas: Der Regenbogen bewegt sich immer mit dem Betrachter – hinzulaufen also zwecklos. Und: Der Bogen ist eigentlich ein Kreis – die Erde ist bloß im Weg. In großer Höhe, aus einem Flugzeug heraus, kann man den Regenbogen manchmal als kompletten Kreis sehen.

Spülmittelrückstände

Was bleibt auf dem Teller zurück – Sauberkeit
oder schädliche Spülireste?

Rein ins Handspülbecken

Auf einem Teller, der direkt aus dem Spülwasser genommen
wird und trocknet, befinden sich mehr Spülmittelrückstände
als auf einem Teller, der unter fließendem Wasser klargespült
wird. Allerdings – das haben Forscher vor 25 Jahren schon
untersucht und kürzlich noch einmal bestätigt: Es ist gesund-
heitlich völlig unbedenklich. Selbst wenn jemand auf die
absurde Idee käme, jedes Geschirrteil abzulecken, würde er
seinem Körper nicht schaden. Außerdem wandern die Spülmittelrückstände, ohne Schaden anzurichten, wieder aus dem
Körper raus. Das bedeutet nicht, dass ein Schluck aus der
Spüliflasche gesund wäre. Aber von dem empfohlenen Sprit-
zer Spüli, der für ein ganzes Waschbecken ausreicht, bleibt auf
dem an der Luft getrockneten Geschirr kaum etwas zurück.

Das passiert beim Abtropfen-Lassen

Einfach so das Geschirr aus dem Spülwasser zu ziehen hat
noch einen Vorteil. Das Wasser fließt in einem hauchdünnen
Film wie von selbst vom Teller ab. Während auf dem mit kla-
rem Wasser abgespülten Geschirr dicke Tropfen hängen bleiben – die wiederum hinterlassen hässliche Kalkflecken, wenn
sie nicht sofort mit dem Handtuch abgetrocknet werden.

Hand oder Maschine – das ist hier die Frage

Wer sich fragt, ob Handspülen noch zeitgemäß und sparsam
ist – die Haushaltstechnikingenieure der Universität Bonn

kennen die Antwort. Vor vierzig Jahren waren Geschirrspül-maschinen wahre Monster in Sachen Strom- und Wasserver-brauch. Inzwischen ist es aber genau umgekehrt: Spülen von Hand ist mit rund 66 Cent für Warmwasser, Spülmittel und Schwammabnutzung rund doppelt so teuer wie das Spülen mit der Maschine – und das trotz gestiegener Strompreise.

Schneller entspannt durch Haustiere

Wie Tiere zu Haustieren geworden sind und warum
Menschen, die Haustiere in ihrer Nähe haben,
stressfreier leben. Das beruhigende Geheimnis
von Hund und Katze.

Vor 20 000 Jahren in der Steinzeit

Männer gehen auf die Jagd, um sich und ihre Familien zu ver-
sorgen. Dabei merken sie, dass Wolfshunde mit ihren guten
Riechern unglaublich tolle Helfer sind. Mensch und Hund
verstehen sich von Anfang an gut. Das hat noch einen Grund:
Beide haben gern ihr eigenes Revier. Der Mensch baut einen
Zaun herum, und der Hund markiert es.

2000 vor Christus im alten Ägypten

Hier wird gerade eine ganz andere Art zum besten Freund des
Menschen: die Katze. Als harmlose Variante eines Tigers wird
sie von den Ägyptern verehrt, weil sie lästige Mäuse aus den
Vorratsräumen scheucht. Auch in Europa wird sie später über
alles geliebt und übersteht sogar im Mittelalter das dunkelste
Kapitel ihrer Geschichte: die Hexen- und Katzenverfolgung.

2002 an der Universität Buffalo in den USA

Wissenschaftler wollen herausbekommen, was uns Menschen
in Stresssituationen am meisten beruhigt. Sie machen einen
Stress-Test mit zweihundert verheirateten Männern und
Frauen. Kurz vorher darf jeder sagen, wen er während des
Tests still neben sich haben will: den Ehepartner, das Haustier oder niemanden. Es folgen knifflige Kopfrechenaufgaben
unter Zeitdruck:

„Ziehen Sie die Wurzel aus 64, was ist die Quersumme von 387, multiplizieren Sie das alles mit 5 ...“

Danach wird gemessen, wie Puls und Blutdruck durch den Stress in die Höhe schießen. Das Ergebnis: Die meisten Fehler und den größten Stress im Test gibt es mit Ehepartner an der Seite. Wer ein Haustier an der Seite hat, startet gelassen in einen Test und erholt sich sehr schnell wieder – außerdem waren auch die Rechenergebnisse, mit Haustier, am besten.

Neuerdings haben Wissenschaftler auch festgestellt, dass Kinder, die Haustiere haben, seltener krank sind.

Wenn Ziegen Bock haben:
Sex im Tierreich

Wurden Sie auch mit Bienchen und Blümchen aufgeklärt? Tiere als Vergleich für das, was beim Menschen passiert? Wenn Sie wüssten, wie es die Tiere treiben ... Flirten Tiere auch? Oder fackeln sie nicht lange, wenn es zur Sache gehen soll?

Was die Tiere im Schilde führen

Gebalze hin, Gebalze her. Letztendlich geht es doch nur darum, den Bestand seiner Art zu sichern. Grob gesagt verfolgen Tiermännchen aber ganz andere Ziele als Weibchen.

Männchen vieler Tierarten wollen ihre Gene weit streuen und sich deshalb mit möglichst vielen Weibchen paaren. Weibchen hingegen legen Wert auf gute Gene, die kräftigen und starken Nachwuchs versprechen.

Das Geheimnis von tierischem Sex

Das hat nicht viel mit Zärtlichkeit zu tun. Delfine, Schimpansen oder Enten können zu wahren Bestien werden, und Sex passiert dort oft gegen den Willen des Weibchens und in ständigem Kampf gegen andere männliche Nebenbuhler. Männliche Maulwürfe oder Hausmäuse beispielsweise legen nach dem Akt ihrem Weibchen eine Art Keuschheitsgürtel um, in dem sie deren Geschlechtsöffnungen mit einer harzähnlichen Knete verpfropfen. Bei Skorpionen, Gottesanbetern oder Mückenarten sind jedoch die Weibchen die Brutalen: Sie fressen ihre Männchen beim Sex auf – oder kurz danach. Es gibt auch echte Gigolos unter den Tieren: ausgerechnet

Marienkäfer – sie wechseln spätestens alle zwei Tage ihre Geschlechtspartner. Auch Säugetiere wie Löwen oder Affen paaren sich oft auch noch mit anderen Weibchen.

Sie treiben es wie die Wilden

Blümchensex? Von wegen. Nicht bei den Tieren. Das ist klar. Aber eine Frage bleibt: Haben Ziegen Bock? Ist Lumpi wirklich spitz? Also: Empfinden Tiere überhaupt so etwas wie Lust? Das konnten Wissenschaftler noch nicht genau klären. Eines hingegen gilt als sicher, nämlich wer den längsten hat. Im Wasser ist es der Blauwal, der mit einem Drei-Meter-Penis aufwartet, und an Land ist es der afrikanische Elefant – der hat im Lendenbereich immerhin 1,80 Meter im Angebot.

Quietschende Schuhe

Sie knarren, quietschen oder pupsen. Schuhe machen Geräusche. Aber warum?

Geschäftstüchtige Schuhmacher im Mittelalter.

Es heißt ja: Schuhe die quietschen, seien nicht bezahlt. Die Ursache für diese Redensart ist nicht bekannt. Möglicherweise verbreiten Schuhmacher schon seit dem Mittelalter ganz in eigenem Interesse ein Gerücht: Wer dem Schuster kein Trinkgeld gibt, dessen Schuhe werden quietschen. Seit dem Mittelalter sind Schuhe nicht nur Sandalen oder zusammengenähte Lederlappen, sondern Gegenstände, die aus mehreren Materialien zusammengenäht und genietet sind. Und je mehr Materialien in einem Schuh, desto höher die Wahrscheinlichkeit, dass sie geräuschvoll aneinander reiben. Harte Ledersohlen allerdings fallen selten durch Quietschen auf, sondern eher durch Klackern.

Die größten Quietscher sind Turnschuhe

Genau genommen sind die Engländer schuld daran, dass immer mehr Schuhe quietschen. Denn sie erfinden im 19. Jahrhundert fürs Kricketspiel auf dem Rasen: Stoffschuhe mit Gummisohle. Inzwischen gehören Turnschuhe, die aus verschiedenen Kunststoffen bestehen, zu den am meisten quietschenden Schuhen. Hersteller geben offen zu: Fabrikfrische Turnschuhe quietschen oft, weil noch eine dünne Schicht Trennmittel drauf ist. Dieses Trennmittel-Gequietsche ist aber meistens nach dem Einlaufen vorbei oder kann mit etwas Schmirgelpapier beseitigt werden. Besonders üble Quietscher können Sohlen sein, die aus verschiedenen

Schichten bestehen: aus weicheren und härteren. Wenn diese Schichten nicht ganz fest zusammengeklebt oder verschmolzen sind – auch das geben Hersteller zu – dann reiben sie aneinander und quietschen – und zwar aus dem Inneren der Sohle.